天才密码 STEAM之创意编程思维系列丛书

叶天萍 著

◆通过对国内外儿童和青少年创造力课程的专项研究，运用美国麻省理工学院多媒体实验室为青少年和儿童设计的Scratch编程软件，将场景导入、游戏化的方式运用于学习，能够帮助学生进行有效的创意表达和数字化呈现，充分地激发孩子们的想象力和创造力。

◆Scratch是可视化积木拼搭设计方式的编程软件，天才密码STEAM创意编程思维系列丛书不是让孩子们学会一连串的代码，而是在整个学习体验过程中孩子们逐步学会自己思考并实现自己的想法和设计。

◆所有的编程作品都可以运用于实际生活，我们鼓励每一个孩子都能够通过自己的想象、思考、判断和创造，解决生活中可能遇到的各种问题。

復旦大學 出版社

内容提要

Scratch Jr 是美国麻省理工学院多媒体实验室专门为 5~8 岁儿童设计的基于 Pad 的积木式编程软件，它可以帮助儿童创编属于自己的故事、游戏等作品。本书是“天才密码 STEAM 之创意编程思维系列丛书”中的一本，适合于 5~8 岁的儿童。本书结合这个年龄段的孩子爱听故事、爱看绘本的特点，采用“故事 + 绘本”的设计，结合生活，寓教于乐，适合低龄儿童阅读和学习。在这本儿童编程图书中，并没有“程序”“编程”这样的专业词汇，而是全部采用“指令”“积木块”等儿童能够接受的简单用语。扫描书中每页的二维码设计，就能够听到书中内容的相关朗读，难点部分还有动画视频演示。全书包括上册、下册和教学指导手册，既方便学校低年级学生教学使用，也可用于家庭亲子阅读。

2016 年我国创新能力世界排名已经从 15 年前的第 28 位提升至第 18 名（源自人民网 2016 年 2 月 16 日的数据），这无疑是我国众多教育工作者、科技创新实践者一起共同实践努力的结果。与此同时，我们必须清楚地意识到与世界发达国家间的差距。如何进一步提升我国的创新能力，尤其是青少年一代的创新能力培养，是每一个教育和科技工作者必须思考的问题。STEAM 之创意编程思维系列丛书的编写，正是为了实现从编程思维视角来培养和提升青少年创新能力的目的。

这套丛书通过 Scratch 的编程思维学习，进行创意作品的设计和表达。其学习内容颠覆了枯燥乏味的代码性的传统编程语言学习，采取了生动有趣的方式进行教学活动设计，有益于青少年跨学科的融合性学习，有助于提升学生们知识和技能的迁移能力。学习者将在编程学习过程中不断深化理解各模块的技能内涵，逐渐学会分解问题、关注本质，并逐步形成编程思维，同时激发自身潜在的创造力。

这套丛书将创意编程思维融合到科学（Science）、技术(Technology)、工程(Engineering)、艺术(Art)、数学(Mathematics)等学科，体现各学科融会贯通、交叉统一、系统思考的思想，以期对学生的设计、数学、逻辑、抽象等多种思维能力进行综合性培养。

学习者将通过书中 STEAM 创新教育的活动项目体验，感受到 Scratch 创意编程思维的魅力和艺术性，激发探索兴趣，体会科艺创作的乐趣。书中也特别融入以环保为主题的相关创意作品，结合环保的相关知识，学习者在创作过程中能够逐步形成绿色环保的可持续发展理念。与此同时，学习者在学习过程中通过不断对程序进行优化和完善，了解创作过程是迭代和渐进的，从而逐步培养观察问题和解决问题的能力，并通过想象、思考、判断和创造来解决生活中遇到的实际问题，提升跨学科解决问题的能力，提高自身的综合素养。

此外，这套丛书还将游戏化的方式运用到教学之中，使教学过程更加生动、形象、有趣，不仅能大大激发学习者的兴趣，而且也有利于激发他们的想象力和创造力。在学习活动过程中，还将要求学习者学会利用编程思维和多学科知识去创作属于自己的个性化作品，展示自己的各项思维能力、解决问题的能力，以及将 STEAM 各学科内容融会贯通的能力。另外，教学过程强调学习者在创编活动中开展团队协作学习，从而不断提升协作、沟通、表达和领导能力等，为终身发展奠定坚实的基础。

让我们共同关注、打造、实践 STEAM 教育，使我国的创新教育充满灵气、生气和活力。相信不久的将来我国创新人才的培养一定会走在世界前列！

华东师范大学现代教育技术研究所所长

教授、博士生导师　张际平

2017 年 3 月

前言

我觉得每个人都应该学习一门编程语言。学习编程教你如何思考，就像学法律一样。学法律并不一定要为了做律师，但法律教你一种思考方式。学习编程也是一样，我把计算机科学看成是基础教育，每个人都应该花一年时间学习编程。

——乔布斯

学习编程能够强化逻辑思考能力，培养专注、细心、耐心的学习品质，增强抽象思维能力，训练空间思考和解决问题的能力等。但是，对于低龄的孩子来说，他们很难主观感受或真正理解这些好处。作为老师和家长，只有给他们搭建好学习支架，创设适合他们的学习情境，激发他们的学习兴趣，才能真正触发他们的学习动力。玩中学，做中学，对孩子们来说，这是最惬意和最有效的学习方式之一。

Scratch Jr 是一款专门面向 5 ~ 8 岁的孩子基于 Pad 的积木式编程软件，用它可以创编出属于孩子们自己的故事、游戏等作品。自从 Scratch Jr 进入我的视野，我就发现它是一个非常好的学习工具，我利用它进行了大量教学实践，也积累了许多教学案例。实践证明，孩子们非常喜欢这款软件，不少家长也来咨询有没有相关书籍，但是市面上唯一能见到的一本 Scratch Jr 指南是给成人阅读的。于是，我就结合 5 ~ 8 岁这个年龄段的孩子爱听故事、爱看绘本的特点，采用“故事 + 绘本”的设计，力求创编一本寓教于乐、适合低龄儿童阅读的编程书。

5～7岁孩子的词汇量还很有限，他们不太能理解“程序”这样的概念，但是他们能够明白“指令” “命令”这样的词汇，而程序本身就是指令序列，因此，在这本书中没有出现“编写程序”这样的词汇、语句，而是全部用“指令”或“积木块”来代替。如果是亲子阅读，扫描每页的二维码就能听到书中内容的相关朗读，难点部分还有动画视频演示。

可能很多人觉得用 Scratch Jr 软件作为教学内容似乎太简单，花点时间让孩子们自己玩一玩就足够了。但我认为，软件的学习使用只是其中很小的一个部分，因为软件会更新、会淘汰，学习思维方式、提高学习品质才是教育的根本。在本书的编写中，我力求能够与生活相结合，体现出综合性的学习特点。在内容的选择上，既包括游戏和故事，又有解决生活问题的程序模拟和应用。我记得孩子们在学习了用 Scratch Jr 软件制作电子相册后，不少孩子非常开心地告诉我，他们回家用 Pad 制作出一个家庭相册，学习的主动性充分地体现出来。另外，书中的拓展部分除了有巩固提高的内容，也是为了让孩子们能进一步拓展思维、理解程序和生活的关系。

本书的前五课并没有向孩子们介绍 Scratch Jr 软件，只是让他们熟悉一些指令，因此并不需要 Pad 操作。同样，考虑到孩子们的年龄比较小，不能过长时间接触电子屏幕，书中真正用到 Pad 探索和制作的时间并不太长，绝大多数情况下只要用图书就能理解问题，老师和家长可以根据需要使用。在实践教学中，孩子们连续操作 Pad 的时间一般我都控制在 20 分钟之内，留下足够多的时间是给孩子们展示和分享的。

本书分为上册、下册和教学指导手册。本书可以用于学校校本课程教学，也可以用于亲子阅读。

感谢老师、朋友和孩子们为本书顺利出版所做的努力。我负责本书的故事、程序和教学方案设计，张雯雯负责前五话的拓展活动设计、文稿修饰和音频制作，王展昂负责本书的程序配图、视频和指令索引制作，鞠云负责绘制本书的内容插画和版面设计，吴丹负责本书的校对和统筹。上海市第一师范学校附属小学、上海市乌鲁木齐南路幼儿园对本书中的作品案例进行了教学实践活动。本书存在的问题，敬请读者指正！如果对于本书有疑问或建议，欢迎联系和指导！（联系邮箱：yetianpingjr@126.com）

叶天萍

2017 年 4 月

卡卡今年6岁，他非常喜欢看书，还是个好奇宝宝。在他的家里有一个超级超级大的书柜，卡卡一有空就去书柜玩，但是这个书柜的书实在是太多了，看都看不完。

自从卡卡出生后，每年圣诞节，圣诞老人就会往这个书柜里添好多好玩的书，这些可不是普通的书本，它们有的会发出声音，有的会蹦出小动物，还有的藏着一大堆宝贝。卡卡经常钻进这个大书柜去探寻秘密，他在这里找到了许多好朋友，还学到了许多本领。

这一天，卡卡又钻进了大书柜。突然，他听到了轻轻的哭声，那声音非常非常小，小到几乎听不到。卡卡屏住呼吸，又仔细听了听，他循着声音走到书柜的一个小角落，发现声音正是从这里传出来的。

这个小角落里也存放着许多书，卡卡发现其中一本书在微微地抖动。他小心翼翼地抽出这本书，轻轻地打开它，原来是一只金黄色的小猫咪正躲在书本的角落中伤心地哭泣。

卡卡觉得这只小猫有点眼熟，但一下子想不起来在哪里见过。

“Hi，小猫，你为什么躲在这里哭呢？”卡卡小声地问，生怕吓跑了小猫。

小猫听到卡卡的声音似乎吓了一跳，它停止了哭泣，用小爪子揉了揉眼睛，仔细地看了看卡卡，小声嘀咕了一句：“是个小娃娃，帮不了我……”说完又自顾自地抽泣起来。

卡卡听到了小猫的嘀咕，马上说道：“我叫卡卡，别看我是小孩，我懂得可多呢！我还有许多好朋友，让我们一起帮助你吧！”

“卡卡？”小猫似乎不太相信卡卡，“我的好朋友们被大灰狼抓走了，我费了好大的劲儿才知道关押它们的地方，但是大灰狼设置了很多陷阱，需要用一些奇怪的密码才能解开，我进不去。”

“不用怕，我和你一起去救你的好朋友！”卡卡自信地说。

“好，那你跟我一起来吧！”小猫说。

“等一下，我要带上一个秘密武器！说不定它能在关键的时刻帮助我们。”卡卡冲到自己的书桌边，拿起书桌上的Pad，对小猫说：“走吧！”

“这是什么秘密武器呀？”小猫好奇地问。

“这是我学习和生活的好工具，它里面装了许多帮助我们解决问题的软件。”卡卡得意地说。

“呃，什么是‘软件’呀？”小猫一脸迷惑地问。

“这个，这个嘛，和你一下子解释不清楚，以后如果我们用到它的时候你就知道啦！”卡卡挠挠头说，“救你朋友要紧，我们怎样去找你的朋友？”

“嗯，好的。”小猫说，“来，摸3下我的尾巴。”

卡卡摸了3下小猫的尾巴，
突然间，小猫和卡卡一下子钻到
了这本神奇的书里。
小朋友，卡卡的奇幻之旅开始了，让我们一起来帮助卡卡救出小猫的好朋友好不好？
扫扫我
听语音

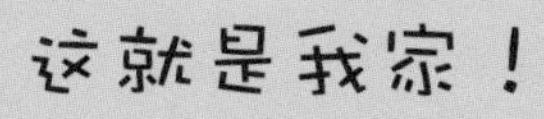

卡卡感觉眼前闪过一片蓝光之后，瞬间就来到一栋橙色的小房子前面。这栋小房子的外形就像一只猫头。

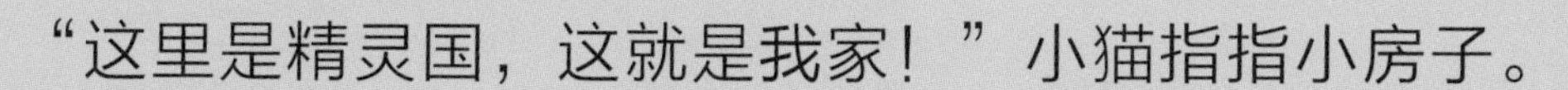

“这里是精灵国，这就是我家！”小猫指指小房子。

“好可爱呀！”卡卡羡慕地说，“我要是有这样一栋属于自己的小房子就好了！”

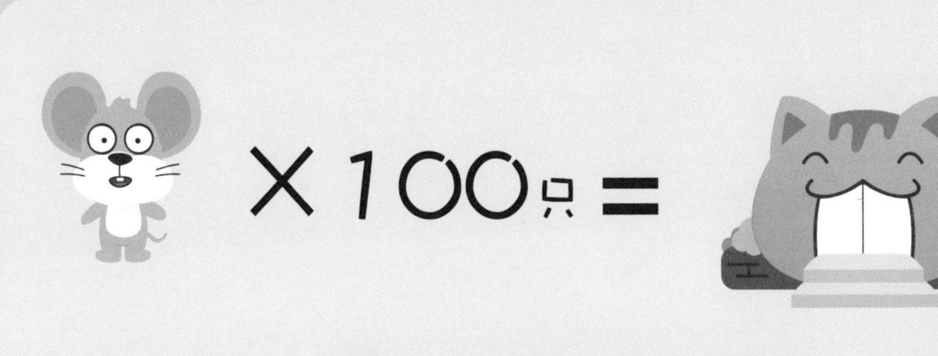

“以前我和爸爸妈妈住在一起，不过我认为自己已经长大了，可以一个人住了。这房子可是我花了好几年的时间，抓满100只老鼠才换来的。”小猫用手比划着说。

“100只老鼠？”卡卡吃惊地问，“我最怕老鼠了，你们这里老鼠很多吗？”

“放心，这片区域都被我抓得差不多了。”小猫得意洋洋地说。

“不过我的目标是再抓50只，到时可以换一辆‘喵喵旋风车’，这样我就能去更远的地方抓老鼠了。”小猫信心满满。

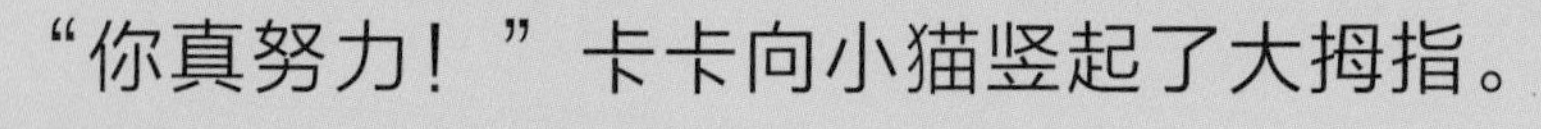

“你真努力！”卡卡向小猫竖起了大拇指。

救人要紧！

我的好朋友恩恩兔~~

“你的好朋友被关在哪里？救人要紧！”卡卡提醒小猫。

“我的好朋友‘思思兔’被关在不远处的凤凰山山洞里。”小猫指指远处的一座小山，“它是去山坡上挖萝卜时被大灰狼抓到的。”小猫的眼眶红了起来，“大灰狼在山洞门口设置了奇怪的密码，只有按对密码才能打开山洞门。”

“让我去试试。”卡卡和小猫一起向凤凰山出发了。

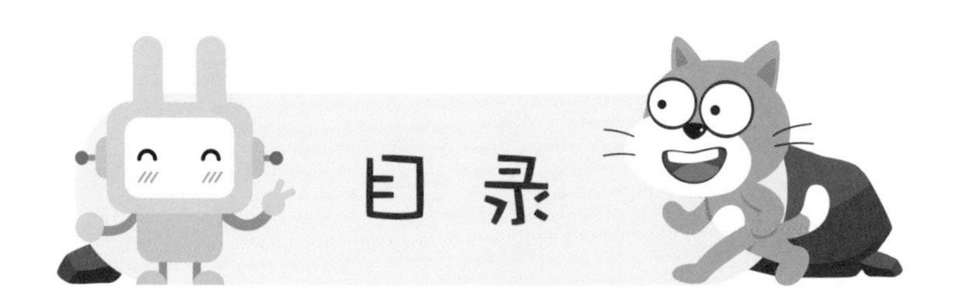

（上册）

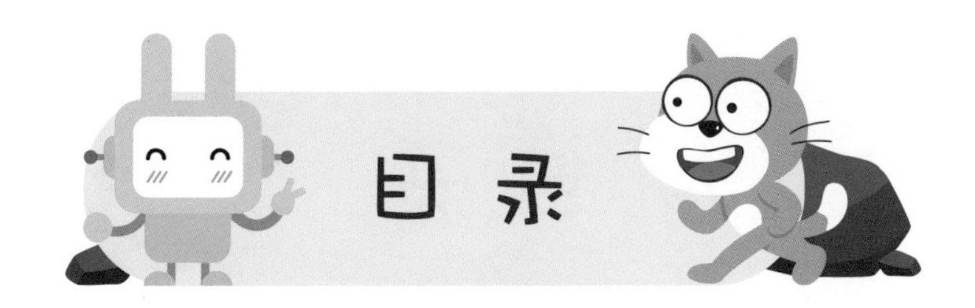

(下册)

第1话　巧解密码进山洞

学习目标

1.1 识别并运用4个“方向”指令；

1.2 了解“方向”图标在生活中的运用。

卡卡和小猫来到山洞前，山洞门口有一个显示屏，卡卡仔细一看，心想：这不是Pad吗?“你们这里也有Pad呀? ”卡卡惊讶地问。

小猫摇摇头说：“我们这里没有这样的东西，不知道大灰狼是从哪里弄来的。”

卡卡扶了扶眼镜说：“也许是从人类那里偷来的。”

卡卡看到屏幕上有一张图，图的下面还有4个“方向”图标。

“这代表什么意思呢？”卡卡思索起来。

“哈哈，明白了！”卡卡一拍脑袋，“小猫，这是你的本行呀！你看，猫要抓到老鼠应该朝哪个方向走？”

“嗯，左？”小猫指指第2个“方向”图标。

“对，你试试！”卡卡兴奋地说。

小猫用爪子轻轻一按“向左移动”图标，只看到山洞的铁门自动打开了。

卡卡和小猫小心翼翼地向山洞深处走去。

但是没走多久，他们又碰到了同样的大铁门。

有了前面的经验，你能帮卡卡解开密码吗？

任务1：☑勾选正确的指示图标。

当卡卡和小猫来到第5道门前，看到和前面不一样的变化。

卡卡仔细观察一下，立刻就明白了，他说：“这里需要用到好几个图标，而且要躲开石头。我们只要按照先后顺序选择就可以啦！”

任务2：选出正确的指示图标，并按照顺序编上号码。

例如，2 表示第2步。

卡卡和小猫终于解开了所有密码，找到了思思兔。两个好朋友激动地拥抱在一起。

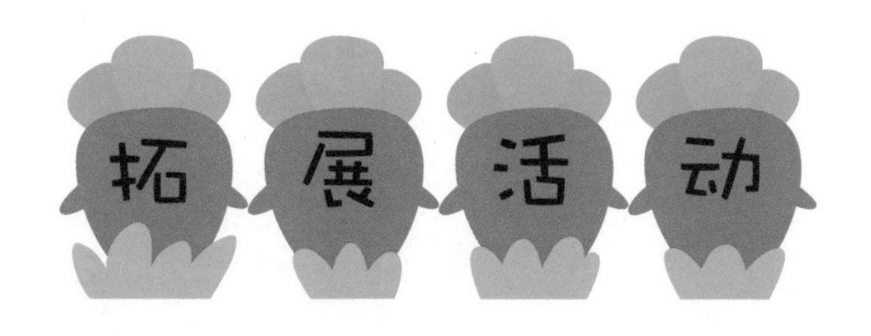

小朋友，生活中很多地方都可以见到这样指示方向的图标。你还能在生活中找到它们吗？你知道它们表示什么吗？

指令复习

指令	英文	中文	说明
	Move Right	向右移	将角色向右移动指定数量的网格。
	Move Left	向左移	将角色向左移动指定数量的网格。
	Move Up	向上移	将角色向上移动指定数量的网格。
	Move Down	向下移	将角色向下移动指定数量的网格。

任务答案

任务1：

☑ **勾选正确的指示图标。**

任务2：

选出正确的指示图标，并按照顺序编上号码。

小朋友，你救出思思兔了吗？

第2话　巧解密码出山洞

学习目标

2.1 知道指令下方数字的作用，能数出正确的网格数；

2.2 增加数数兴趣，学习多种数数方法。

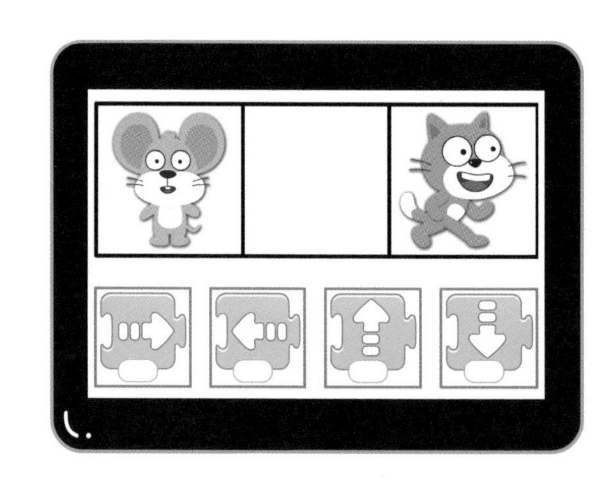

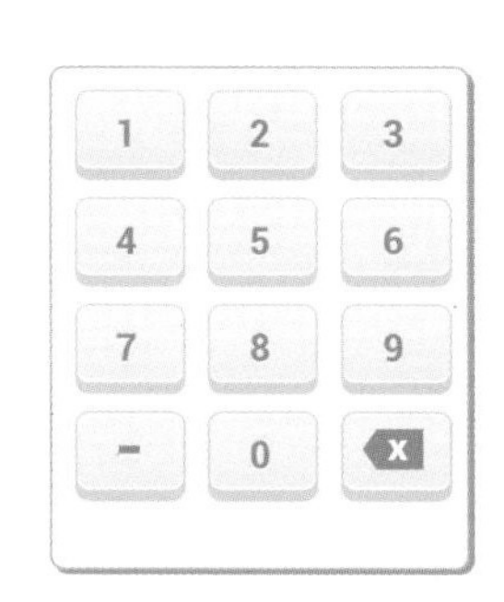

正当卡卡和小伙伴们高兴时，突然听到“哐当”一声，所有的山洞门全都关闭了。

“大灰狼的密码锁是有时间限制的，”思思兔说，“出去时需要重新解密。”

“这还不容易，很容易解开的。”卡卡并不着急，他按了一次“向左移动”图标，门并没有反应。他又试了一次，黄灯闪烁报警了。

“别再错了，我试过连错三次就会被锁住。”思思兔着急地说。

卡卡擦了擦头上的汗，这才发现原来显示屏旁边多出一个数字键盘。他想了想，先按一次“向左移动”图标，然后再按了一次数字键 2 ，“咔嚓”一声，门打开了。

“原来如此啊！只要根据网格数出需要的步数就可以了！”思思兔恍然大悟，“豆豆，你的朋友真是太厉害了！”

卡卡不好意思地挠挠头说：“哪里，哪里。刚才是我考虑不周到。”

“原来你叫‘豆豆’啊？”卡卡觉得这个名字真有趣。

“是的，因为我的脑袋像个豆子一样圆乎乎的，所以朋友们都叫我‘豆豆’。”小猫指指自己的圆脑袋说。

就这样，3个小伙伴相互认识了。他们边走边说，一个一个地解开剩下的密码。

你能解开剩下的出洞密码吗？

任务1：选出正确的图标，并在图标中填写正确的数字。例如，

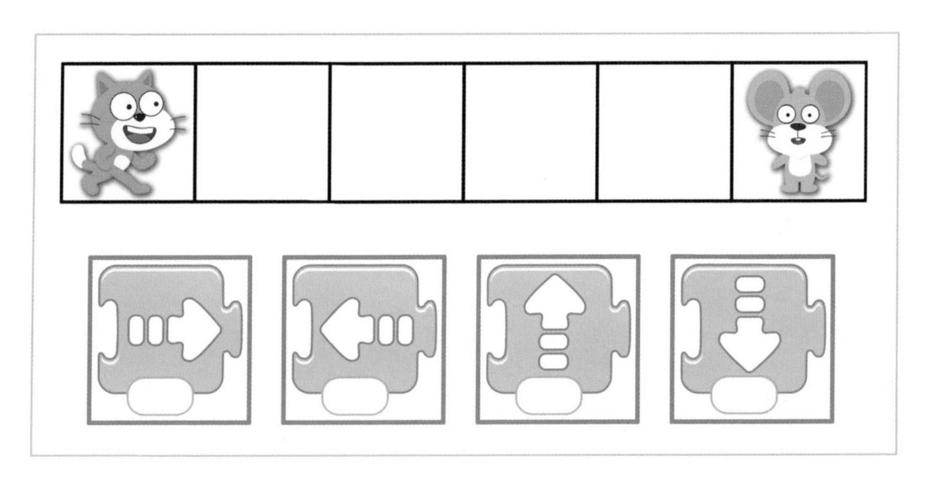

任务2：选出正确的图标，在红色方格中按照顺序编上号码，并在图标里填写正确的数字。

例如，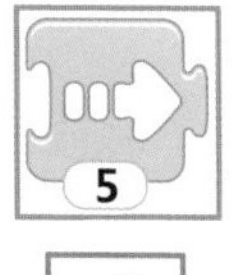  表示第1步走5格。

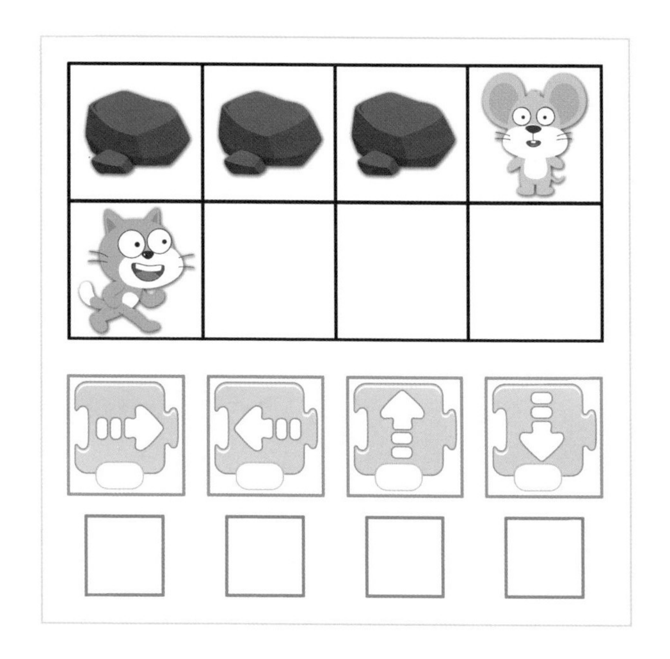

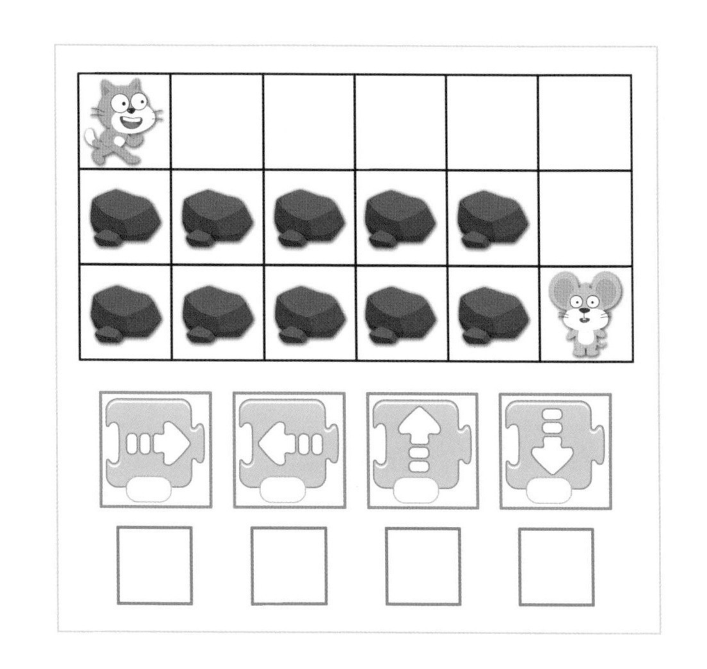

3个小伙伴成功逃出了山洞。

大灰狼回来发现思思兔不见了，气得大吼：“我要把密码升级！不能让我的美食都逃走！”

你能用更快的方法数数吗？试试你能用几种方法？

1. 数一数书包柜中有几只书包。

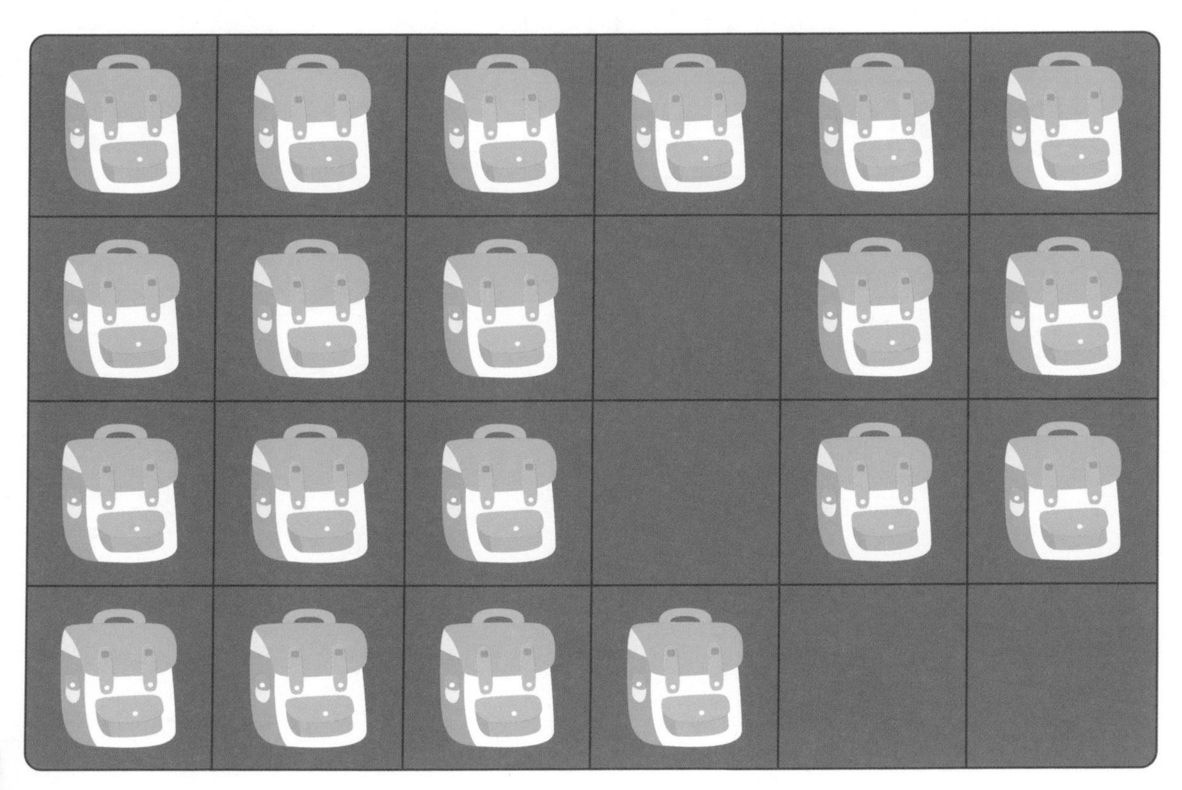

2. 数一数下面一共有几只思思兔。

指令复习

指令	英文	中文	说明
	Move Right	向右移	将角色向右移动指定数量的网格。
	Move Left	向左移	将角色向左移动指定数量的网格。
	Move Up	向上移	将角色向上移动指定数量的网格。
	Move Down	向下移	将角色向下移动指定数量的网格。

任务答案

任务1：选出正确的图标，并在图标中填写正确的数字。

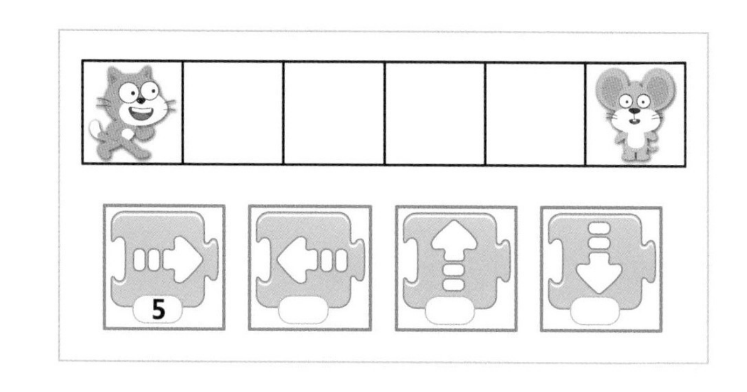

任务2：选出正确的图标，在红色方格中按照顺序编上号码，并在图标里填写正确的数字。

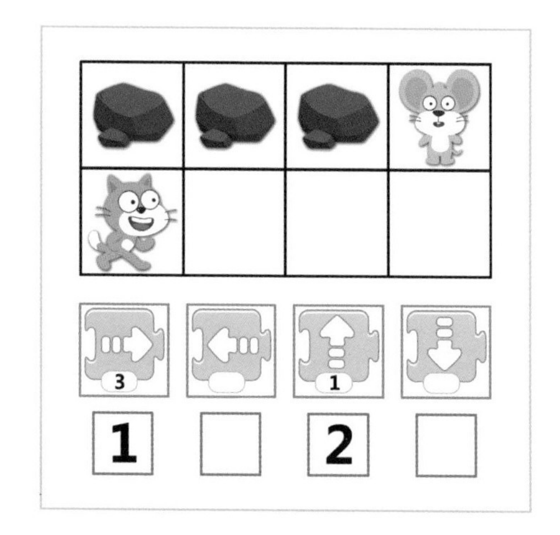

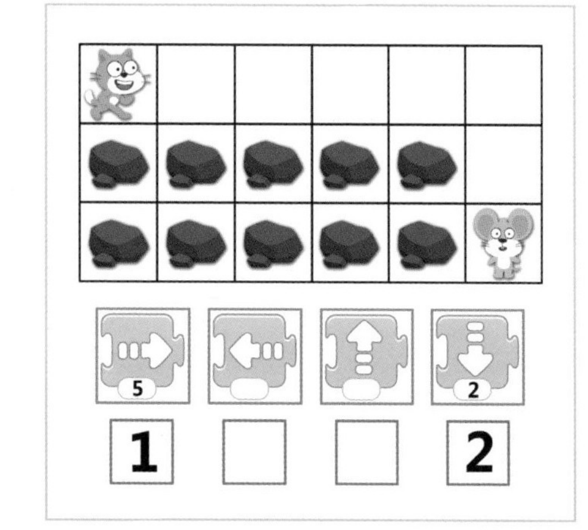

第3话　钻进鼠洞取钥匙

学习目标

3.1 认识“设置大小”的指令；

3.2 了解“放大和缩小”在生活中的应用和具体作用。

救出思思兔后，豆豆告诉卡卡，它的另一个好朋友精灵鼠被关在大灰狼家的地下室。平时大灰狼不在家的时候，地下室的钥匙被它的死党大灰鼠看管着。

“只是老鼠洞太小我进不去。”豆豆垂头丧气地说。

“那大灰狼能不能进老鼠洞？”卡卡问。

“能！它似乎有什么秘密武器。”豆豆用手比划着说，“它在老鼠洞门口的屏幕上滑动几下手指就能变小进去了。”

“哦？估计是和凤凰山洞的密码差不多，让我们一起去看看。”卡卡猜测道。

3个小伙伴来到老鼠洞前。

卡卡发现屏幕上有一组紫色的图标：

卡卡说：“这组图标似乎有放大和缩小的功能。”

“好像是的！我们要找出能够缩小的图标。”思思兔非常赞同。

小朋友，你能帮帮他们吗？

当卡卡点击“缩小”图标后，山洞口出现一道亮光。豆豆走到光下，瞬间就变小了。它飞快地跑进老鼠洞，不一会儿，就抱着地下室的钥匙出来了。

“卡卡，可以把我变回原来的大小吗？”豆豆问。

“这还不简单，只要把你放大就可以啦。”卡卡说着就按了好几次“放大”图标  。转眼间，豆豆变得几乎和卡卡一样大了。

“哎呀呀，太大了！我要原来的大小，不然就回不了我的家了。”豆豆着急地说。

“对不起，我不小心多按了几下。”卡卡不好意思地说，接着又按了几次“缩小”图标。

“再缩小点。”“不行，太小了！”“不行，太大了！”

就这样，豆豆不停地被放大、被缩小，都快被弄晕了。

“卡卡，这样不行，肯定有更简单的方法。”思思兔在旁边提醒。

小朋友，你能帮豆豆恢复原来的大小吗？

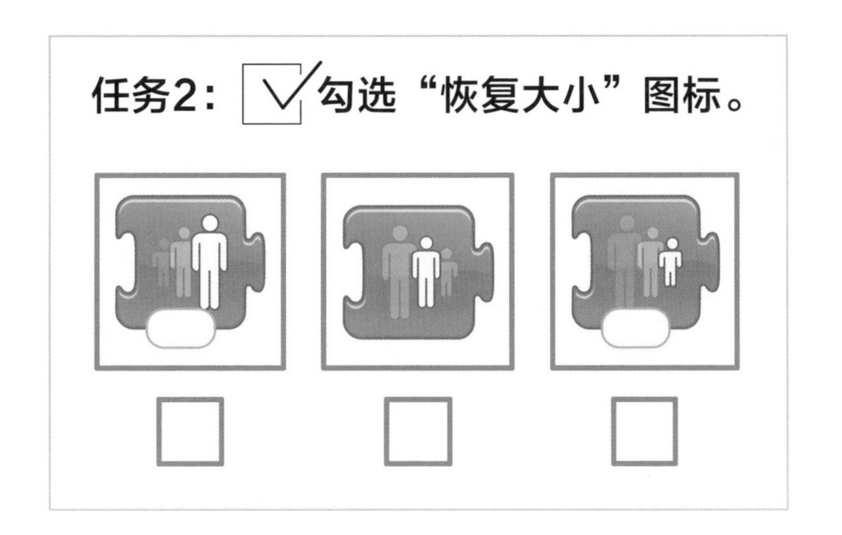

思思兔点击了一下“恢复大小”图标，豆豆终于变回原来的大小。

“思思兔真善于观察，这样果然简单多了！”卡卡称赞道。

思思兔谦虚地说：“刚才你太着急了，遇到问题时要保持冷静，这样才能更容易找到方法。”

卡卡竖起了大拇指：“你说得真对！”

3个小伙伴带着钥匙回到豆豆家时，天已经暗了下来。卡卡总觉得大灰狼设置的密码有点眼熟，于是拿出自己的Pad研究起来，终于发现了大灰狼的“秘密”。

你有没有发现我们的生活中也有“放大”和“缩小”的现象呢?

1. 找一找家中哪些物品可以“放大”和“缩小”，并用这些物品去试一试“放大”和“缩小”。

这些是可以“放大”的工具。

例如，望远镜、放大镜、天文望远镜、显微镜等。

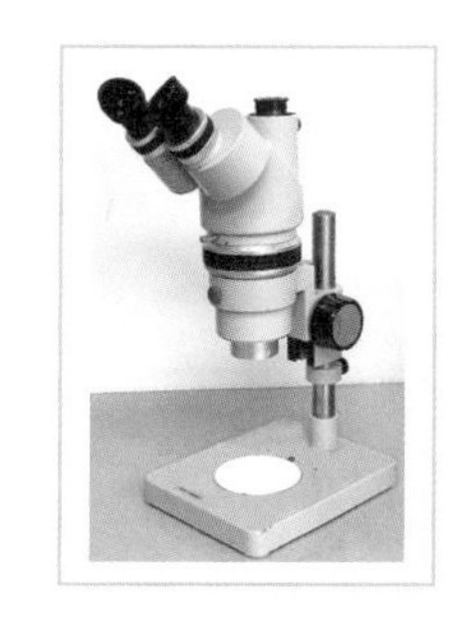

这些是可以“缩小”的物品。

例如，折叠伞、折叠桌、压缩袋等。

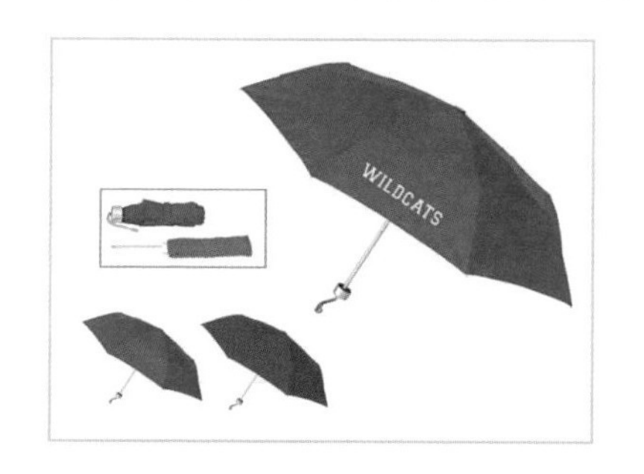

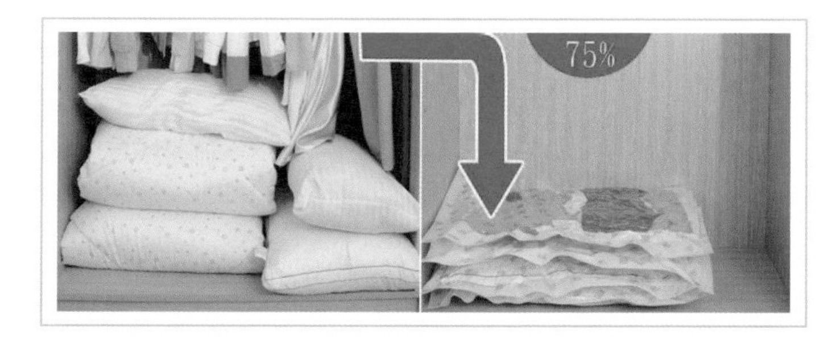

2. 看一看这些关于“放大”和“缩小”的有趣故事。

- 英国路易斯 · 卡罗尔编著的儿童文学作品《爱丽丝漫游奇境记》；
- 中国大陆国产动画《中华弟子规》第6集“缩小魔镜”；
- 美国漫威影业出品的科幻动作电影《蚁人》。

如果你也能变大或变小，你想做什么？

指令复习

指令	英文	中文	说明
	Grow	增大	增加角色的大小。
	Shrink	缩小	缩小角色的大小。
	Reset Size	重置大小	让角色恢复到导入舞台时的大小。

任务答案

任务1：☑ 勾选 “缩小” 图标。

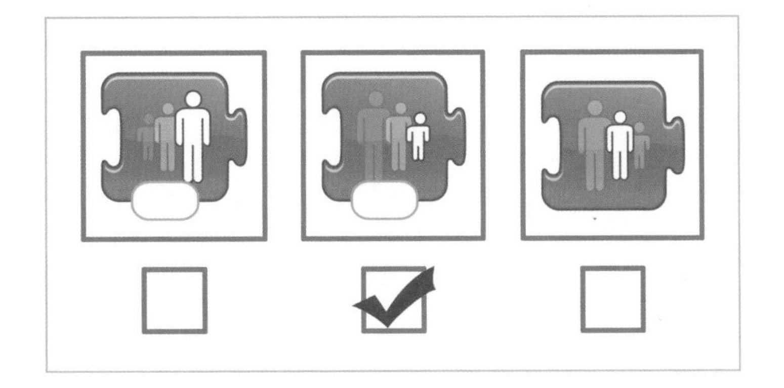

任务2：☑ 勾选“恢复大小”图标。

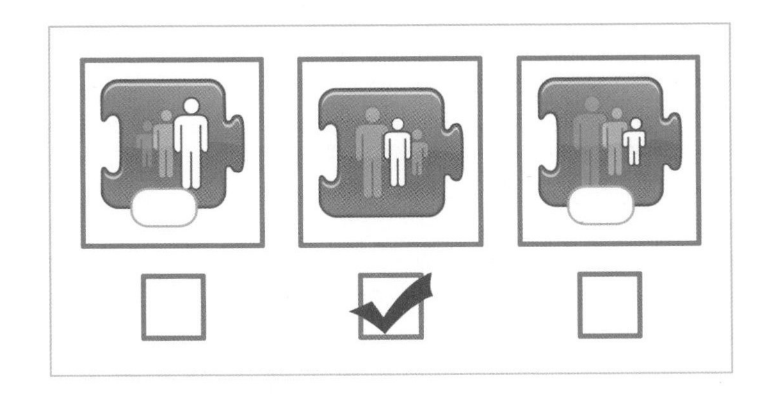

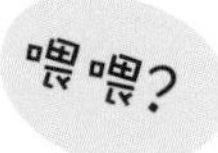

第4话　披上隐身魔法衣

学习目标

4.1　认识“隐身”和“显示”指令；

4.2　了解生活中的“隐身”技术。

大灰狼家在凤凰山的山腰上，是个很大的别墅。地下室的入口在后院，要到达后院，必须经过大灰狼的卧室。小伙伴们来到大灰狼家门外的小土丘旁，侦察大灰狼家的动静。

卡卡拿出望远镜向屋内望了望，说道：“大灰狼正在卧室休息，我们要从它眼皮底下过去可不容易。”

“这可怎么办呀？要是能有一件魔法隐身衣就好了。”豆豆着急地说。

卡卡从怀中掏出自己的Pad，神秘地说：“不要着急，我有法宝。”只见他把Pad的摄像头对着思思兔，手指在屏幕上轻轻一按，突然间，思思兔消失了。

“思思兔呢？”豆豆吃惊地问。

“我在这儿呢！咦——我的手指呢？我的身体怎么不见了？”只听到思思兔的声音，却看不见思思兔的身影。

豆豆瞪大了眼睛：“难道思思兔隐身了？”

卡卡笑着说：“是的，它还可以再显示出来。”只见卡卡再一点屏幕，思思兔又出现了。

“哇塞，太神奇了！”豆豆差点跳了起来，“这样大灰狼就看不见我们了！”

卡卡慢条斯理地说：“我们仨一起进去动静太大，思思兔可以留在这里接应我们，豆豆和我一起去吧！”

“好！我来帮助你们隐身，不过哪个是‘隐身’呢？”思思兔摸着自己的大耳朵问道。

小朋友，你能帮助豆豆和卡卡藏起来吗？

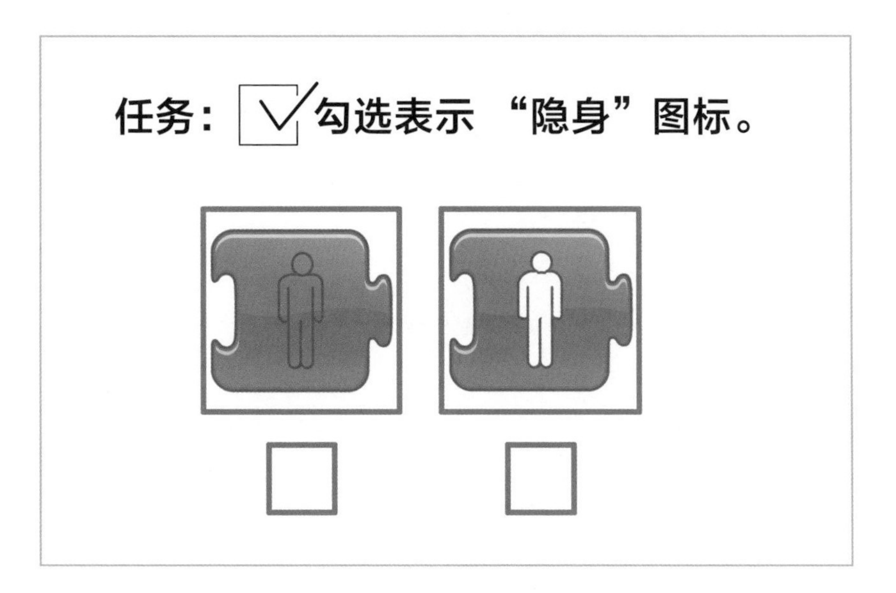

任务：☑勾选表示“隐身”图标。

卡卡和豆豆悄悄穿过大灰狼的卧室，用钥匙打开地下室的大门，找到了精灵鼠。

卡卡点击一下“显示”图标  。

精灵鼠看到豆豆突然出现在面前，吓了一跳：“你们也被抓进来了？”

“不，我们是来救你的！”听到豆豆这样说，精灵鼠高兴地蹦到桌上。

拓展活动

- 你知道动物也会运用“隐身”本领吗？
- 你知不知道我们人类也经常使用隐身技术呢？
- 如果你有一件隐身衣，你想用它去做什么事情？

指令复习

指令	英文	中文	说明
	Hide	隐藏	淡出角色，直到看不见。
	Show	显示	淡入角色，直到完全可见。

任务答案

任务：☑勾选“隐身”图标。

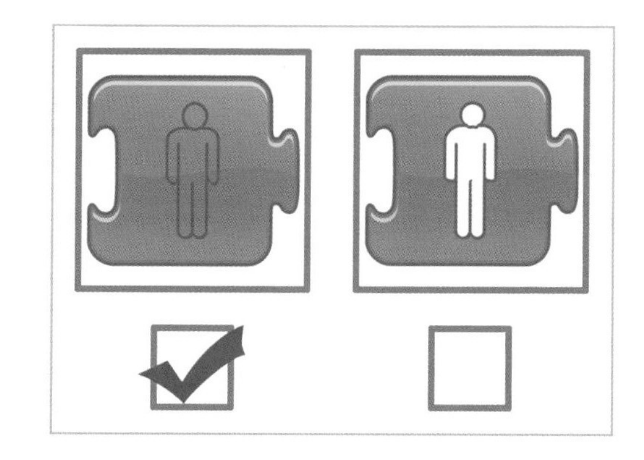

第5话　惊险出狼窝

学习目标

5.1 认识“回家”指令；

5.2 知道“回到原位”的各种编程方法；

5.3 了解动物们“回家”的本领，懂得生活中“认路”的重要性。

大灰狼正在看电视，肚子咕咕地叫了起来，它揉了揉肚子，自言自语地说：“肚子饿了，该去把那只小松鼠炖汤了。”说完就起身向地下室走去。

“不好，大灰狼好像来了。”豆豆灵敏的猫耳朵听到了大灰狼的脚步声。

“冷静，我们快躲起来。”卡卡立刻把自己和小伙伴都隐身了。

大灰狼看到地下室的门微微打开着，心想：奇怪，门怎么开了？难道是大灰鼠来了？

可是他在地下室既没有看见大灰鼠，也没有找到精灵鼠，顿时暴跳如雷：“啊啊，我的松鼠呢？我的松鼠呢？”

他火冒三丈地走出地下室，顺手把地下室的门在外面上了锁，喃喃道：“怎么会让松鼠逃走了？我得赶快再去抓几只小动物填饱肚子，饿死我了！”

听到大灰狼走远后，小伙伴们松了一口气，赶快走到门口想逃出去。可是，门怎么也打不开。

“不好，门好像被大灰狼在外面锁住了。”豆豆着急地说。

精灵鼠红了眼睛：“这下完了，本来只抓住我一个，现在大家都出不去了，我害了你们……”

卡卡拍拍精灵鼠的肩膀，安慰道：“没关系，我带了宝贝来。”

“真的？是什么神奇宝贝？”精灵鼠眨眨大眼睛问道。

只见卡卡掏出Pad，拖出一个图标，轻轻点击了一下。一转眼，卡卡、豆豆和精灵鼠都来到大灰狼家门口的小土丘后面，把等在那里的思思兔吓了一跳。

“你们怎么突然出现了，我刚才看到大灰狼气呼呼地走出大门，还以为你们马上就会走出来呢！”思思兔奇怪地问。

“说来话长，我们差点出不来了，多亏卡卡用了他的神奇宝贝。”豆豆心有余悸地说。

“此地不宜久留，我们还是赶快回去吧！”卡卡提醒大家。

小伙伴们匆忙回到豆豆家中。

“卡卡，你刚才用的是什么宝贝？怎么能够隐身，还能够一下子回到小土丘后面呢？”豆豆迫不及待地问卡卡。

“因为我发现大灰狼的秘密了，原来它用的是Pad中的一个工具。昨天我研究了一下，发现里面有各种厉害的功能。”卡卡扶了扶眼镜继续说，“刚才我就使用了一个‘回家’功能，它可以让我们快速回到原来的位置。”

“原来如此呀！那是不是我以后出去抓好老鼠用它就可以快速返回？”豆豆崇拜地问道。

“是的，不过它只能回到你出发的地方。”卡卡指着Pad屏幕对豆豆说，“你能找到它吗？”

“这几个图标长得好像啊，哪一个是表示‘回家’呢？”豆豆有点迷糊。

小朋友，你能帮豆豆找到表示“回家”的图标吗？

任务1：勾选“回家”图标。

思思兔说：“这还不容易，可以用排除的方法，左边这个应该表示向左转，右边这个肯定是表示‘回家’吧？”

卡卡点点头说：“不错，这个图标就表示‘回家’，但是我们也可以用相反的方向图标回到原来的位置，比如，先向右移动2步，回来就是向左移动2步。你再来试试！”

任务2：勾选能返回原地的图标组合。

第1组：

第2组：

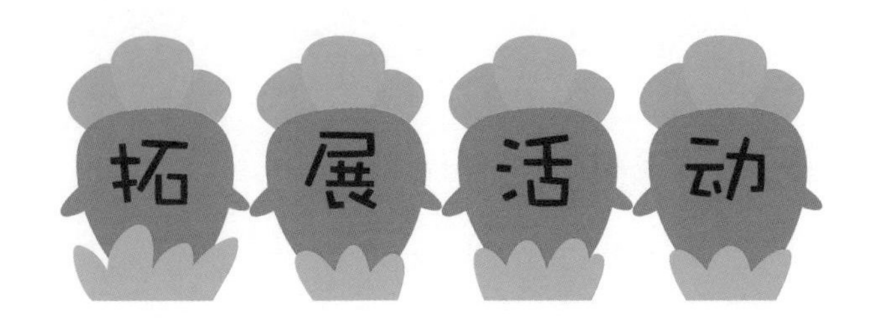

- 小朋友，你知道自己家的地址吗?
- 你认识从学校回家的路吗? 你会看地图吗?
- 当你出去游玩时，你会不会留意自己住的酒店、游玩的地点是在哪里吗?

如果你有这些本领，你真的很棒哦!

小动物们也有“回家”的本领，你知道它们是怎样认路的吗? 例如，鸽子、猫、狗。

指令复习

指令	英文	中文	说明
	Move Right	向右移	将角色向右移动指定数量的网格。
	Move Left	向左移	将角色向左移动指定数量的网格。
	Move Up	向上移	将角色向上移动指定数量的网格。
	Move Down	向下移	将角色向下移动指定数量的网格。
	Turn Left	左转	将角色向左逆时针旋转指定的量。 转1圈的数值为12。
	Go Home	回家	将角色的位置重置为其起始的位置。 （要设置新的起始位置，请将角色拖动到该位置。）

任务答案

小朋友，你答对了吗？

任务1：☑勾选“回家”图标。

任务2：☑勾选能返回原地的图标组合。

第1组：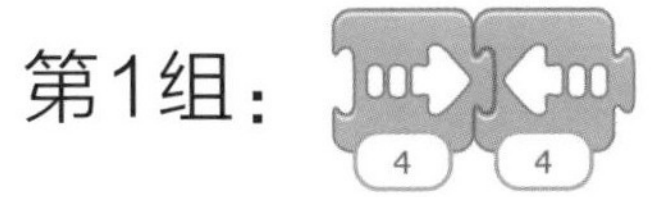  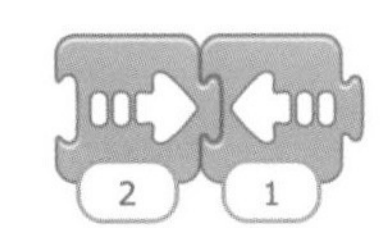   

第2组：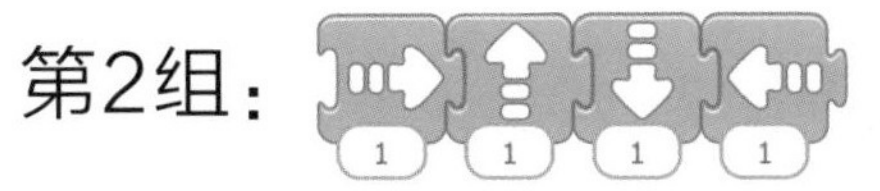  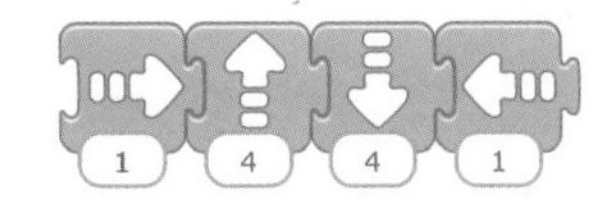  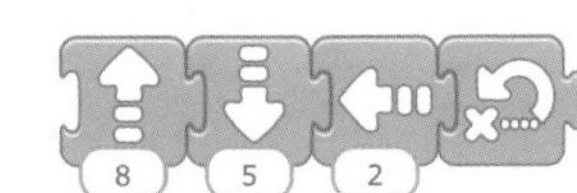   

第6话　自由行走侠

在卡卡的帮助下，豆豆的朋友们都得救了，大家非常感激，同时也对卡卡手里的神奇宝贝更感兴趣了。

思思兔非常希望了解这个宝贝：“卡卡，现在你可以详细介绍一下你的神奇宝贝了吧？”

卡卡介绍起来：“我的这个Pad中安装了一个工具，它叫‘Scratch Jr’。大灰狼就是用它来设置的密码，这几天我一直在研究，发现它的功能很强大。”

豆豆迫不及待地说：“你能教教我们怎么用吗？这样以后我们就不怕大灰狼了。”

学习目标

6.1 掌握Scratch Jr软件基本的操作方法；

6.2 初步理解“并行”概念；

6.3 促进多方案解决问题的意识。

神奇宝贝

卡卡爽快地说：“好的！没有问题！先让我把你召唤到Scratch Jr里去，这样就可以学习各种本领了。”

说完，卡卡把摄像头对准豆豆，轻轻点击了一下Pad。

神奇的事情发生了，豆豆竟然进入到Pad的Scratch Jr中。

“哇，真是太好玩了！这里有那么多的东西，它们都是些什么？”豆豆觉得眼前有许多五颜六色的积木，十分新奇。

“豆豆，你现在所在的这个位置叫‘舞台’，下面这些各种颜色的积木块是你要学习的本领，我们把它们叫‘指令’，你可以使用‘指令’在‘舞台’中练习和展示本领。”

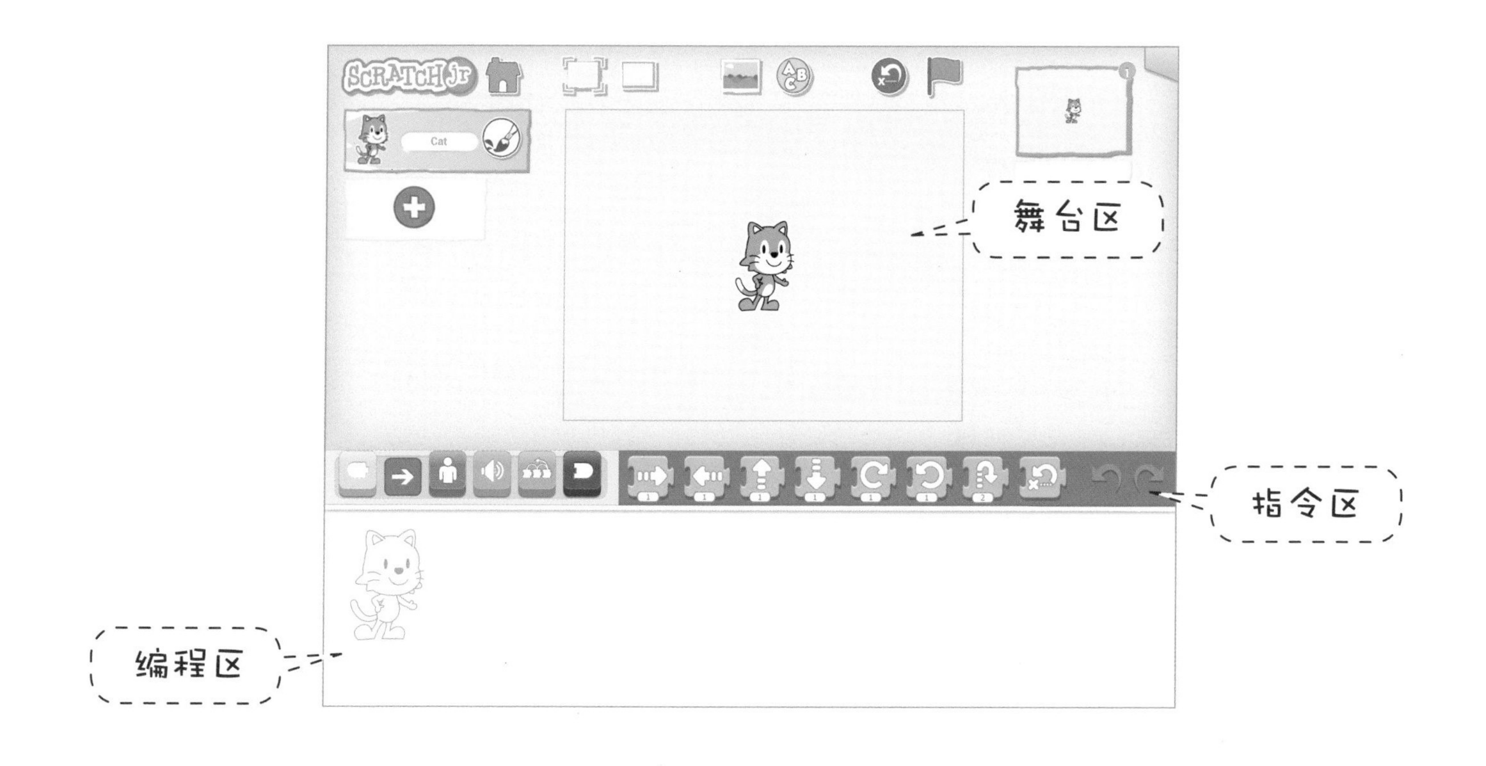

“我明白了，现在就开始学习吧！”豆豆已经等不及了。

小朋友，你的身边有没有Pad？找找你的Pad中有没有Scratch Jr？和豆豆一起来学本领好不好？

首先找一找你的Pad中有没有这样一个小猫头像图标，点击它会出现一个蓝色页面。点击小房子后再点击加号图标，这样豆豆就能出现在屏幕上啦！

卡卡指着屏幕说：“先学一学最简单的‘动作技能’，使用这些蓝色积木块中的指令，就可以掌握‘动作技能’了，黄色积木块是用来表示开始运行的‘启动’指令，不同颜色的积木块可以组合起来使用。”

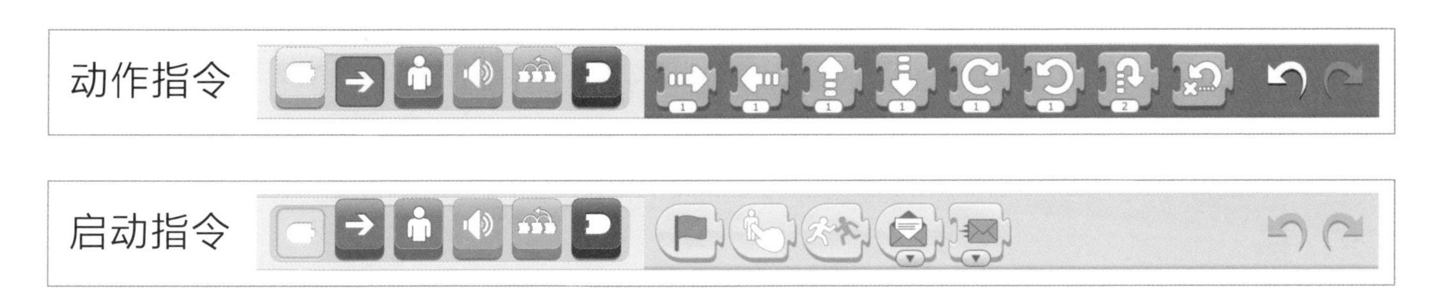

卡卡边演示边说：“比如你要向右走，只要把‘向右移动’指令 拖动到编程区，如果再加上黄色积木块中的‘绿旗’指令 ，它就表示点击舞台上面的‘小绿旗’开始向右走。”

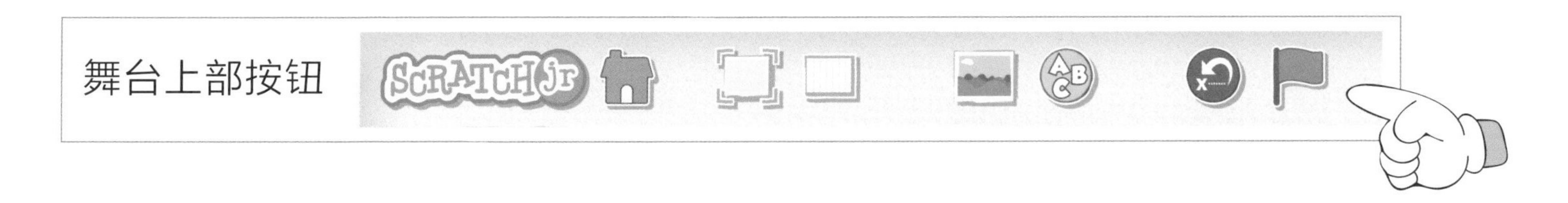

豆豆觉得很简单：“原来如此，那我想在舞台上左右来回走，是不是这样？”

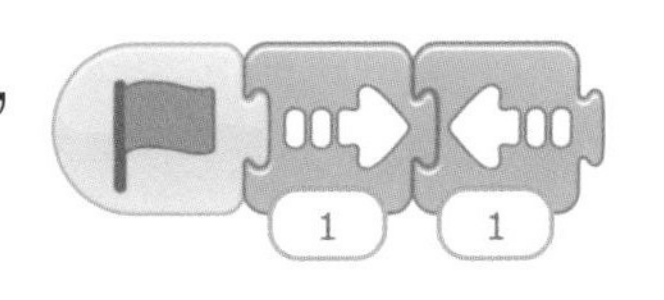

“你试试。”卡卡笑笑说。

可是，豆豆只走了一点点就回来了。

“奇怪了，为什么我只动了一点点？”豆豆有点摸不着头脑。

卡卡眨眨眼问：“你想想为什么？”

“豆豆，你记得吗？我们逃出山洞的时候，需要根据网格数来改变数值，数值越大，走的距离就越长。”思思兔在旁边提醒道。

豆豆想起来了：“对哦，但是填多大的数值呢？网格又在哪里呢？”

卡卡指指舞台上部的一个图标说：“平时，网格是隐藏起来的，点击它就可以数网格了，你看看从舞台左边到右边需要走几格？”

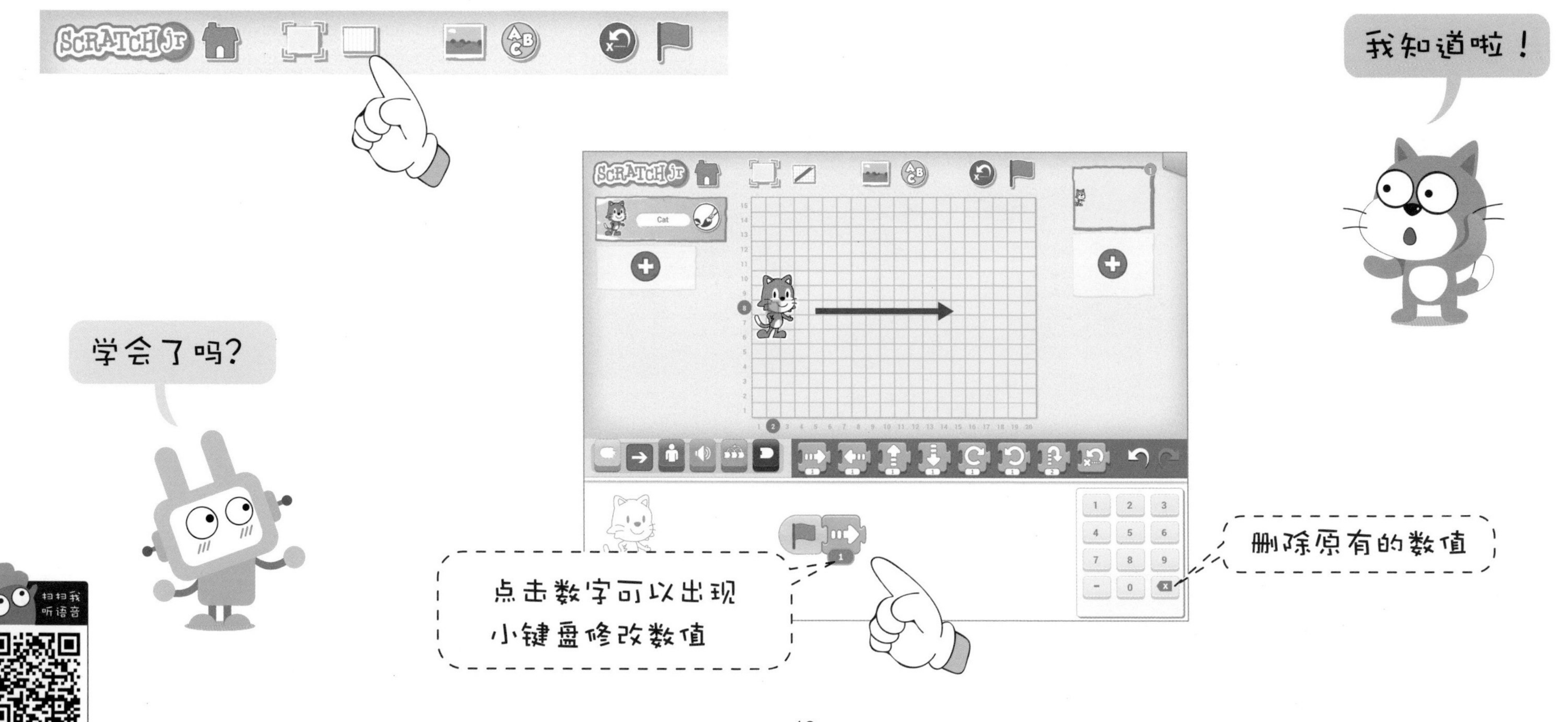

小朋友，该走多少呢？你能帮豆豆试试吗？

任务1：让豆豆从舞台的左边走到右边。

真棒！那你想想从舞台上面走到下面应该怎么编？

卡卡，你看我走得对不对？

任务2：让豆豆从舞台的上面走到下面。

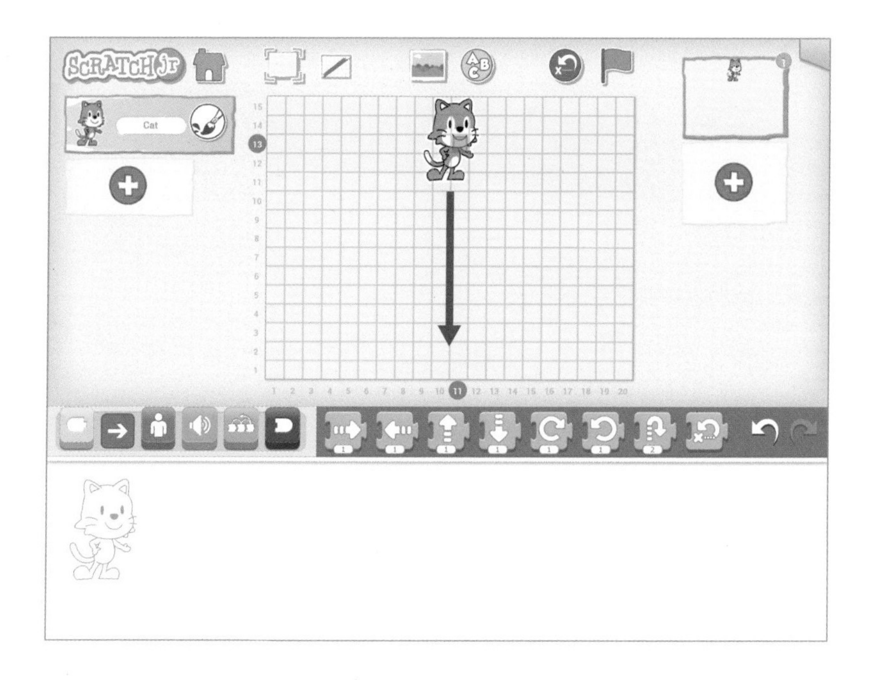

豆豆在思思兔的协助下很快完成了任务。

“你们学得很棒！”卡卡称赞道，“但是我的老师说，学习的本领要能运用在具体的场景中才说明是真正掌握了。”只见卡卡点击了一下舞台上面的“蓝绿色”小图标。

屏幕上出现了许多场景图，卡卡点击了其中的一幅，并点击了勾形图标 ✓ 确认。

刹那间，豆豆出现在一栋小房子前。

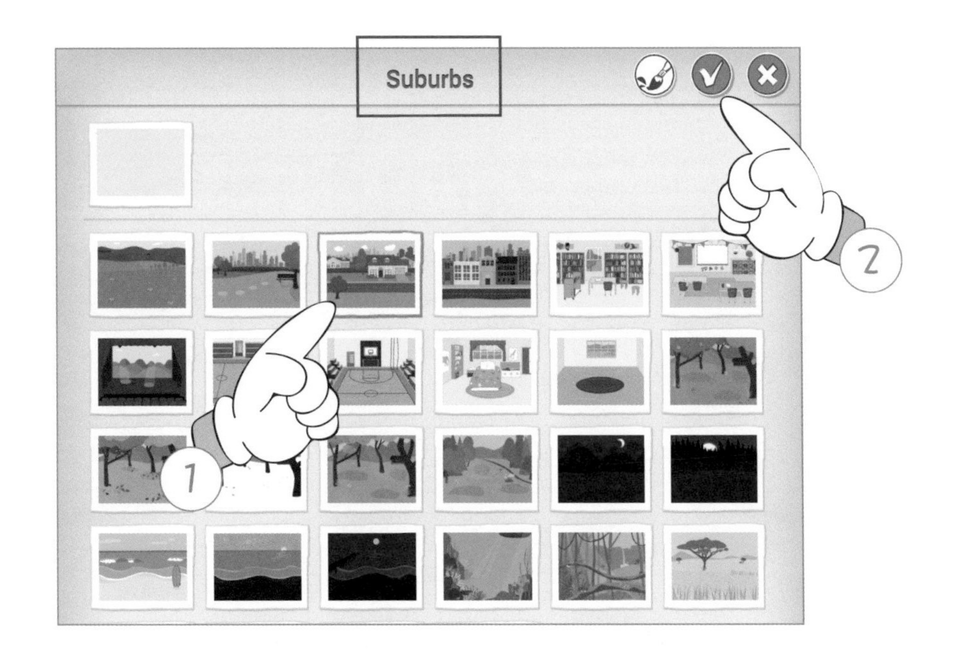

“现在，你们试试让豆豆从房子出发，用积木块准确地走到小树那里。”卡卡指了指屏幕。

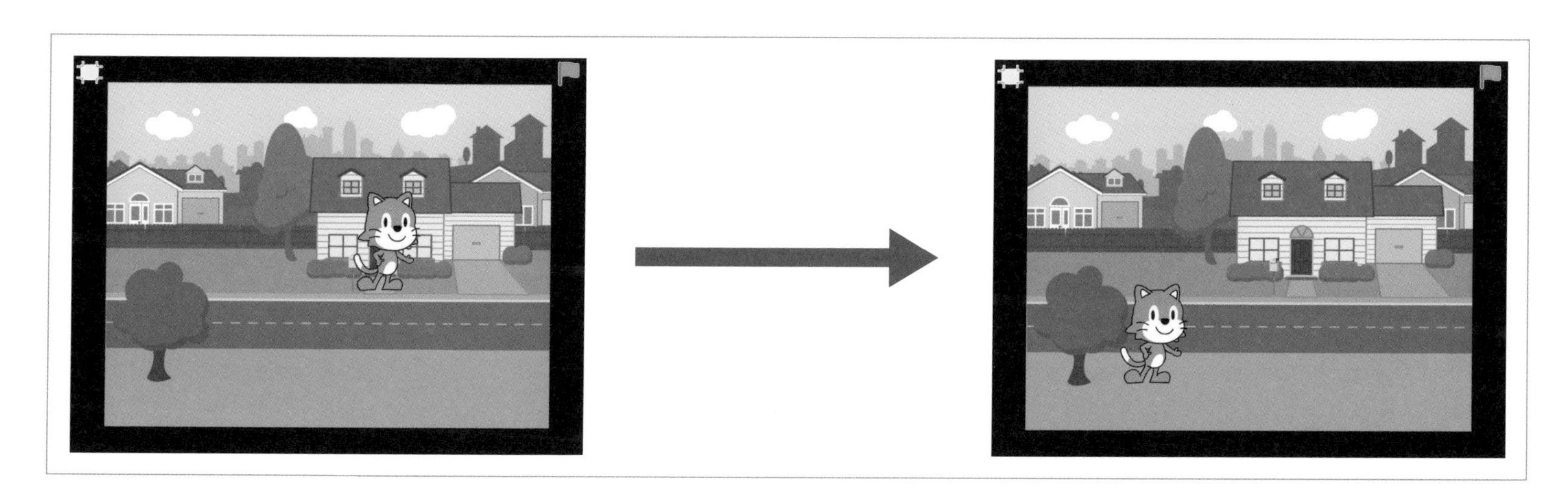

“这还不简单，我来试试。”豆豆很自信地数了数网格，先拖出黄色积木块中的“绿旗”指令，再拖出几个蓝色积木块，“哎呀，卡卡，我拖错了怎么办？”

“不要着急，只要把指令拖回到指令区就可以了。”卡卡说。

豆豆立刻尝试了一下：“真的呀，还会发出‘呼’的一声提醒我，这样我就能及时做修改。”

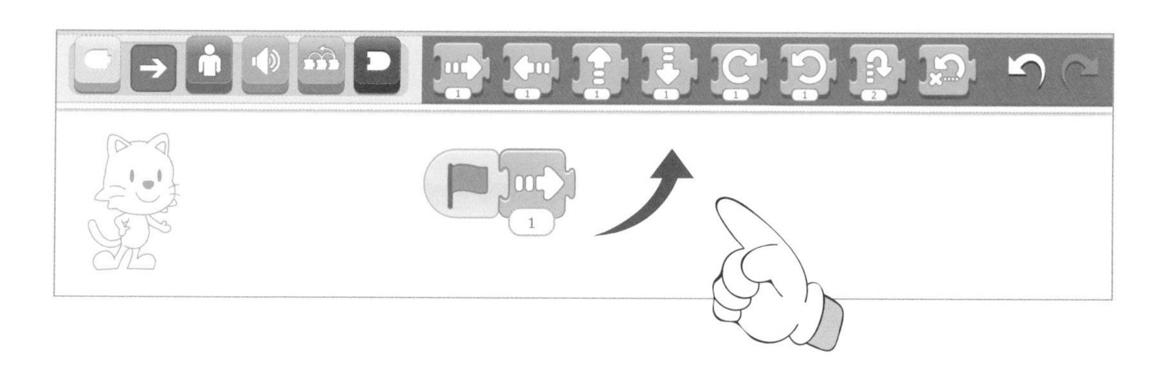

不一会儿，豆豆就完成了指令：“卡卡，我搞定了，看看我的本领吧！”

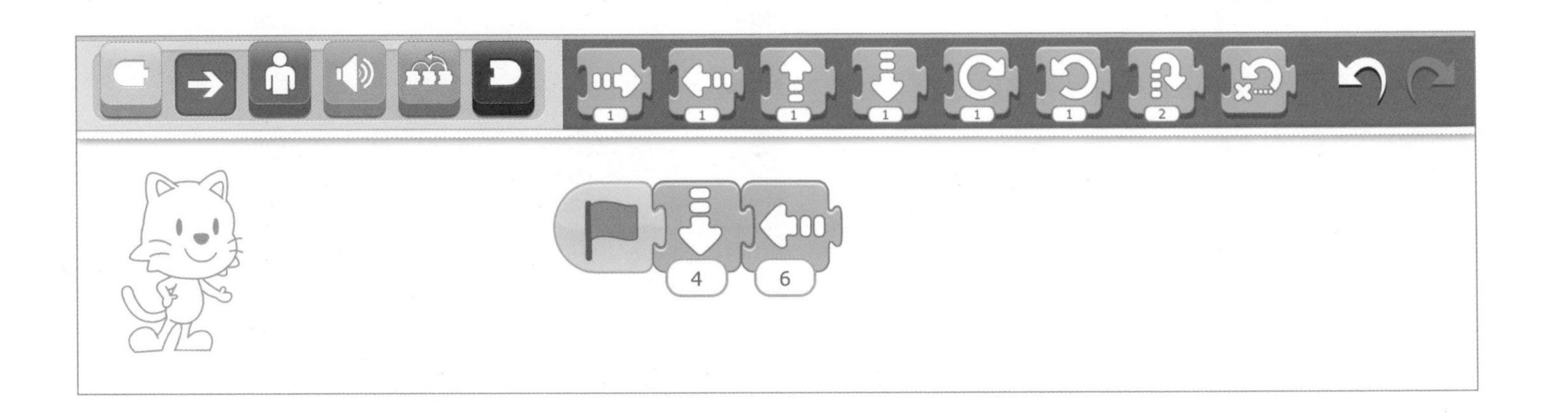

卡卡测试了一下，豆豆果然准确地走到了目的地，思思兔情不自禁地为卡卡鼓起掌来。

卡卡称赞道：“真不错！你已经掌握了‘自由行走’这个技能啦！”

“不过，虽然‘走’起来很简单，但是路线还是需要用自己的聪明才智来设计的！否则很可能会走到大灰狼的陷阱中去哟！”卡卡又提醒了一句。

豆豆和思思兔点点头。

“而且我们还需要把这个本领‘保存’起来，这样以后忘记了还可以复习一下。”卡卡补充道。

“那就快教教我们吧！”思思兔迫不及待地说。

卡卡边演示边说：“点击右上角的黄色小角落，会出现一个黄色页面，在上面输入保存的名称，然后勾选确认就可以了。”

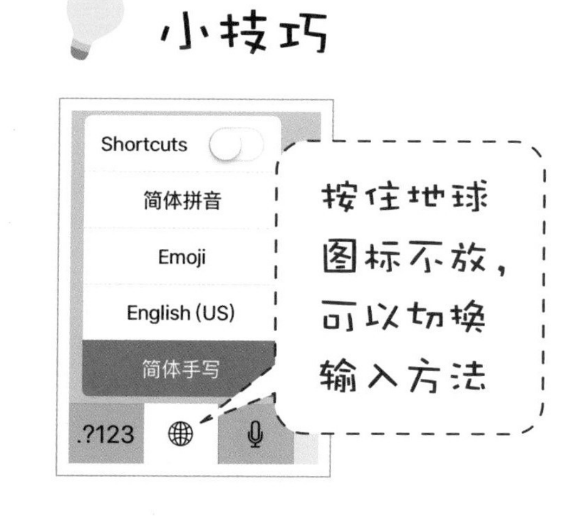

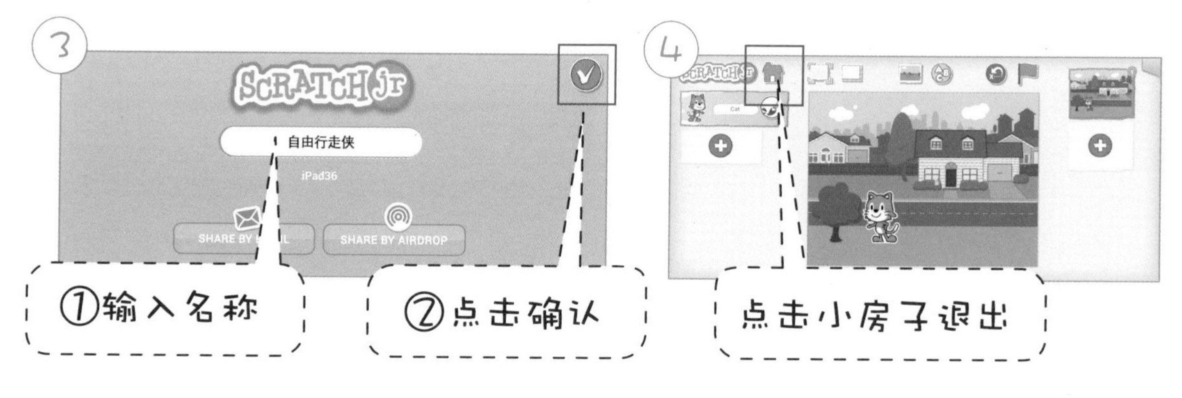

小朋友，你是不是也掌握了和豆豆一样的本领呢？你还有其他行走方案吗？比一比谁的想法多哦！

1．画出刚才豆豆的行走路线。

2．设计一条和豆豆不一样的行走路线，并尝试在Scratch Jr中编写出指令。

3．试试这样编写指令，看看豆豆能不能到达目的地，并且把路线画出来。

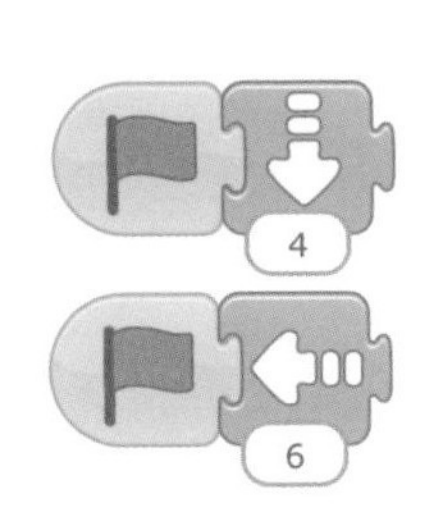

小朋友，恭喜你获得一枚“自由行走侠”勋章！

当向下和向左指令同时执行时就能走斜线了，这样同时执行两个或两个以上指令叫做“并行”，就是同时做几件事。比如，你一边用眼睛看，一边用耳朵听，它们是同时进行的，这样你就能欣赏动画片或玩游戏哦！

指令复习

指令	英文	中文	说明
	Start on Green Flag	从绿旗开始	点击绿旗时运行指令。
	Move Right	向右移	将角色向右移动指定数量的网格。
	Move Left	向左移	将角色向左移动指定数量的网格。
	Move Up	向上移	将角色向上移动指定数量的网格。
	Move Down	向下移	将角色向下移动指定数量的网格。

任务答案

任务1：让豆豆学会从舞台左边走到右边的本领。

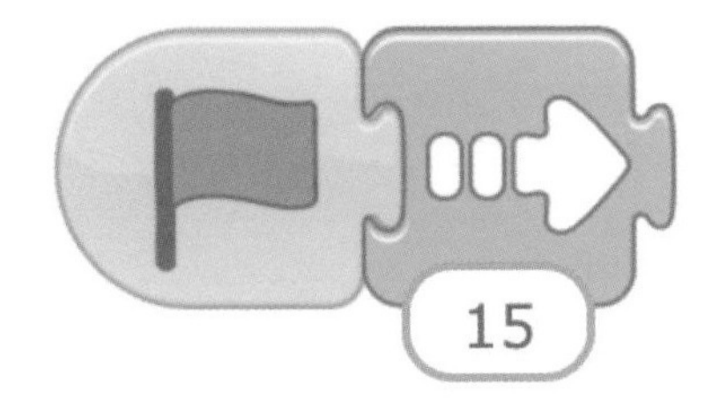

任务2：让豆豆学会从舞台上边走到下边的本领。

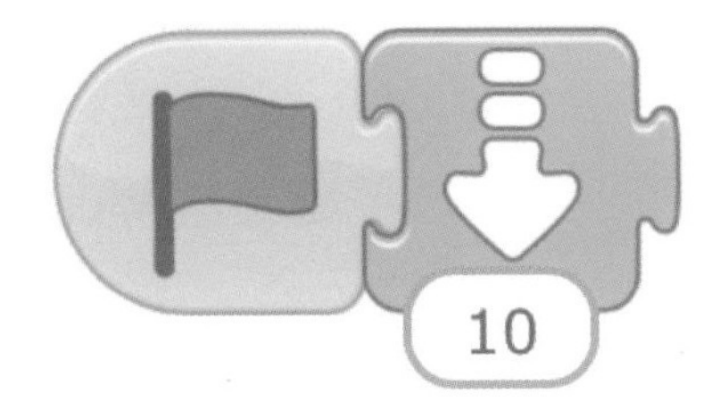

想一想：舞台宽度有20格，为什么只要走15格？舞台高度有15格，为什么只要走10格？

拓展活动参考答案

1．画出刚才豆豆的行走路线。

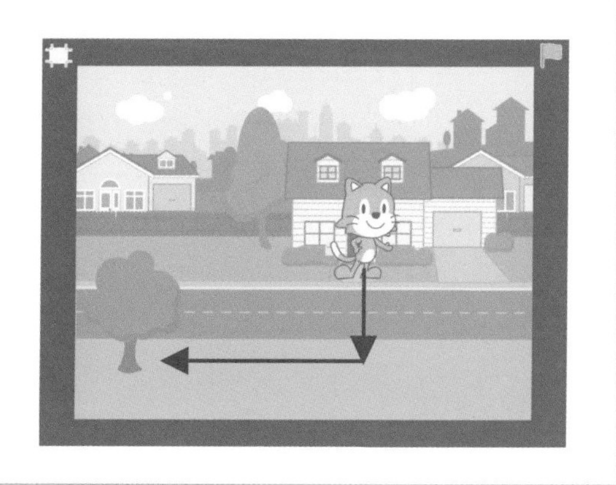

2．设计一条和豆豆不一样的行走路线，并尝试在Scratch Jr中编写出指令。（例举）

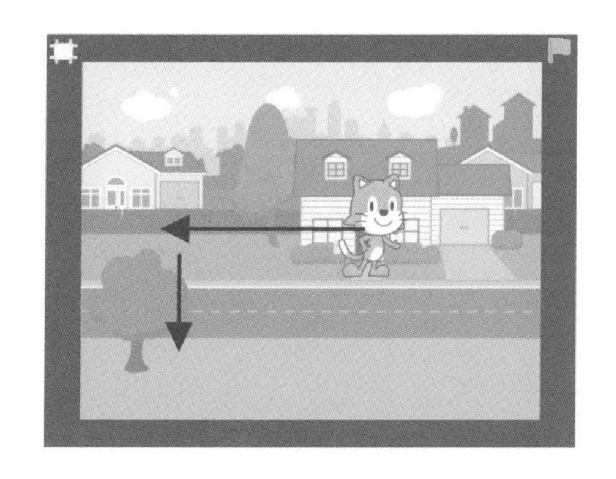

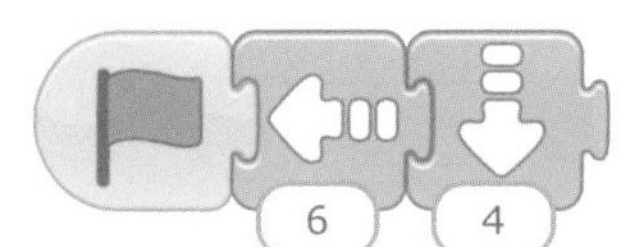

3．试试这样编写指令，看看豆豆能不能到达目的地，并且把路线画出来。

小朋友，
都答对了吗？
加油，继续！

第7话　成为足球小将

学习目标

7.1 认识“速度设置”指令，了解“旋转”指令的运用技巧；

7.2 掌握加减角色、修改背景和绘图板的基本使用方法；

7.3 初步形成调试和试错的意识。

自从豆豆他们学会了“自由行走”本领，他们就经常用所学的本领侦察大灰狼的活动情况，并给精灵国的其他小伙伴悄悄报信，不让大灰狼抓到这些小伙伴们。

卡卡也在豆豆家暂时住了下来，他一有空就在研究神奇宝贝——Scratch Jr的新功能。

大灰狼每天只能吃些从人类那里偷来的罐头食品，虽说也能填饱肚子，但它非常想念“新鲜可口”的小动物肉。

这一天，大灰狼在大树下一边吃着罐头食品，一边自言自语：“小猫崽现在厉害了，也搞到一个和我一样的神奇宝贝，竟和我对着干。哼！看来我要去这小猫崽家里，把他们一网打尽！”

在豆豆家里，卡卡和小伙伴们正一起愉快地用餐。突然，窗口飞进一只小喜鹊，扇动着翅膀，着急地对豆豆说：“豆豆，豆豆，刚才我飞过大灰狼身边，听到大灰狼说要来抓你们！”

听到小喜鹊带来的消息，精灵鼠害怕地捂着脑袋说：“哎呀，大灰狼有锋利的牙齿和爪子，我们肯定打不过他。”

“不怕，我们人多力量大，一定可以打败他！”豆豆安慰着精灵鼠。

“对，说不定我们还能用上卡卡的神奇宝贝。”思思兔用期待的眼神看着卡卡说。

卡卡点点头，环视了一圈豆豆家，突然眼前一亮。原来，他看到书柜上放了一只足球，他问：“豆豆，你会踢足球吗？”

豆豆不好意思地挠挠头说：“那是我自己用来玩的，我踢得不怎么样。”

卡卡拿出Pad说：“没关系，我们用Scratch Jr来学习怎么用指令控制足球，保证大家都能当足球小将！让大灰狼尝尝被球踢的滋味！”

“好哇，好哇！”小伙伴们已经迫不及待地围到卡卡身边想要学习本领。卡卡先新建了一个作品，然后把豆豆召唤到舞台当中。

“豆豆，现在我要把足球添加到你身边。”卡卡边说边点击舞台左边的“加号”图标 ，刹那间，屏幕上出现了许多东西。

思思兔和精灵鼠惊叹起来：“哇，这里好多宝贝呀！”

“这些物品被称为‘角色’，可以用它们来练习本领。” 卡卡讲解道。

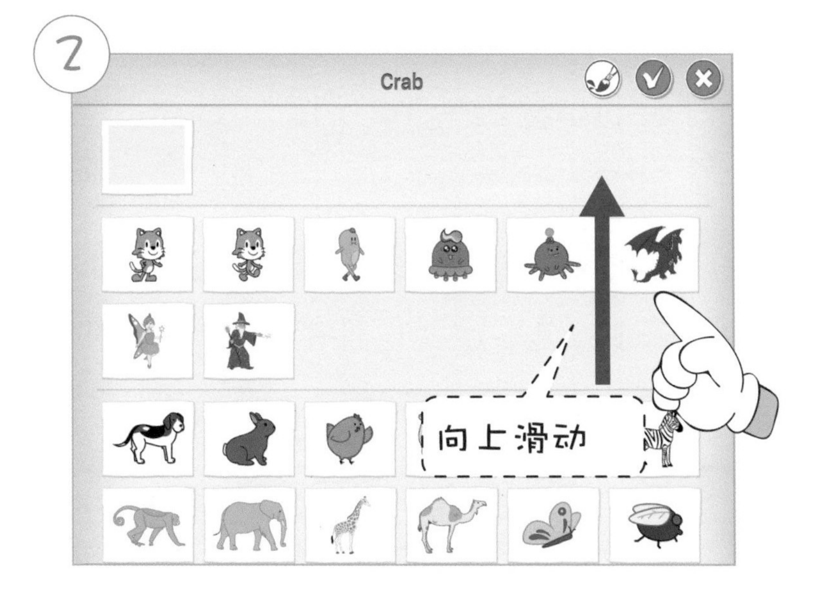

只见卡卡用手指轻轻地向上滑动屏幕，选中足球，接着点击右上角的“确认”图标。一只小小的足球便出现在豆豆身边。

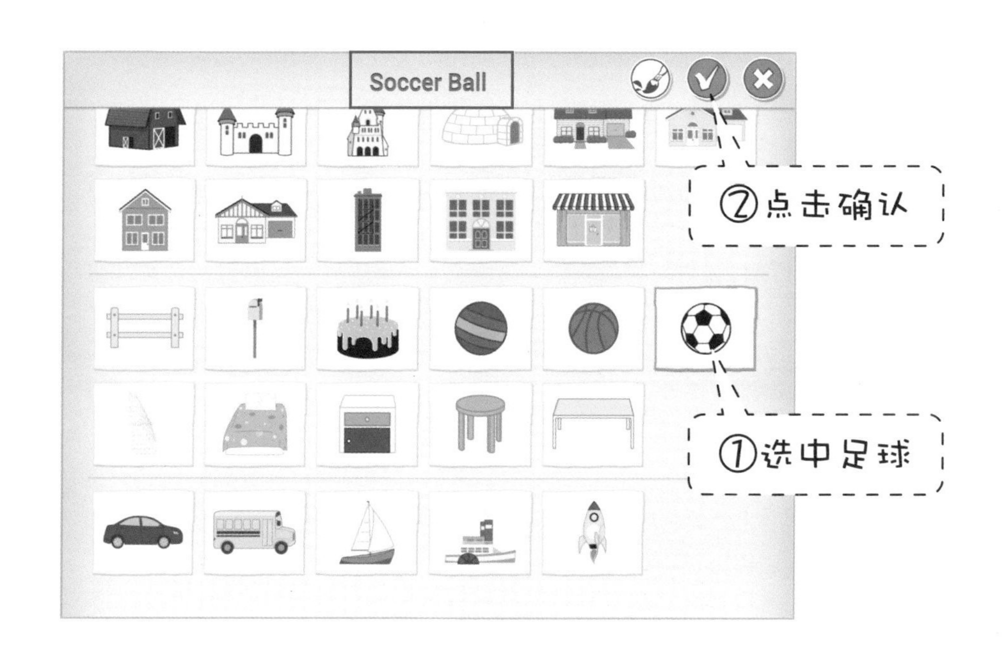

没关系，可以把手指轻轻放在舞台中加错的角色身上，1秒钟后角色会晃动起来，并且在左上角会出现一个红色大叉符号，点击大叉就可以去掉这个角色了。你也可以在舞台左边的角色上这样操作。

那要是加错了
怎么办呀？

“卡卡，快教我怎么成为神射手！”豆豆催促道。

“别急，我先要给你选一个场地和目标。”说着卡卡点击一下“背景”图标，在其中选择一张有足球球门的背景。

“豆豆，这个好像不是足球场嘛，怎么更像在篮球馆里呢？”思思兔在旁边发表自己的看法。

“没事，我们可以修改它的。”卡卡又点击一下右上角的“画笔”图标，屏幕上一下子跳出一个全新的画面。

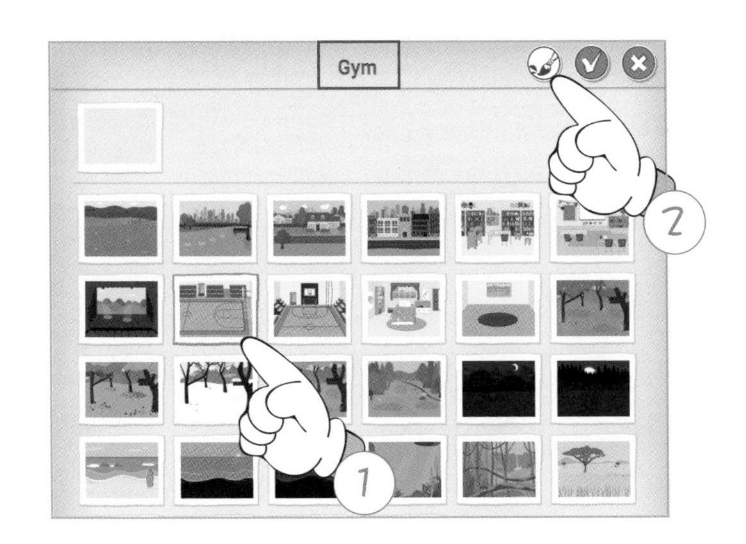

“哇塞，好漂亮！”小伙伴们情不自禁地惊叹起来。

“是的，这是Scratch Jr中的‘图形设计’界面，左边是‘画笔工具’，下面是‘颜色工具’，右边是‘修改工具’。先选工具，如果需要颜色就再选颜色，最后点击修改目标。”卡卡把Pad交给了思思兔，指导思思兔用“剪刀”去掉篮球架等物品，并用“油漆桶”给地面和天空添加颜色，一个简单干净的足球场就出现了。

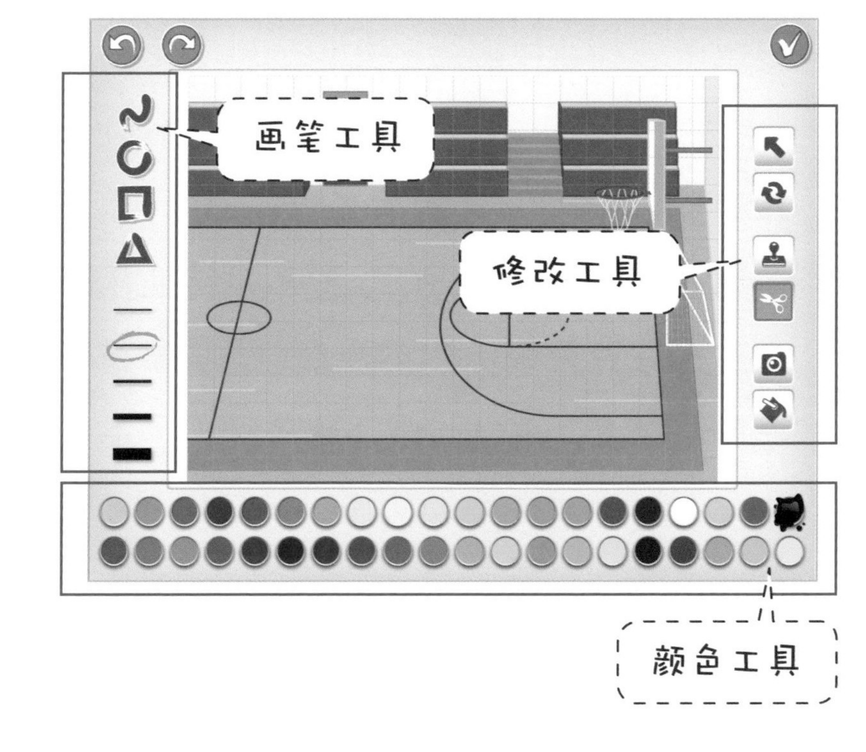

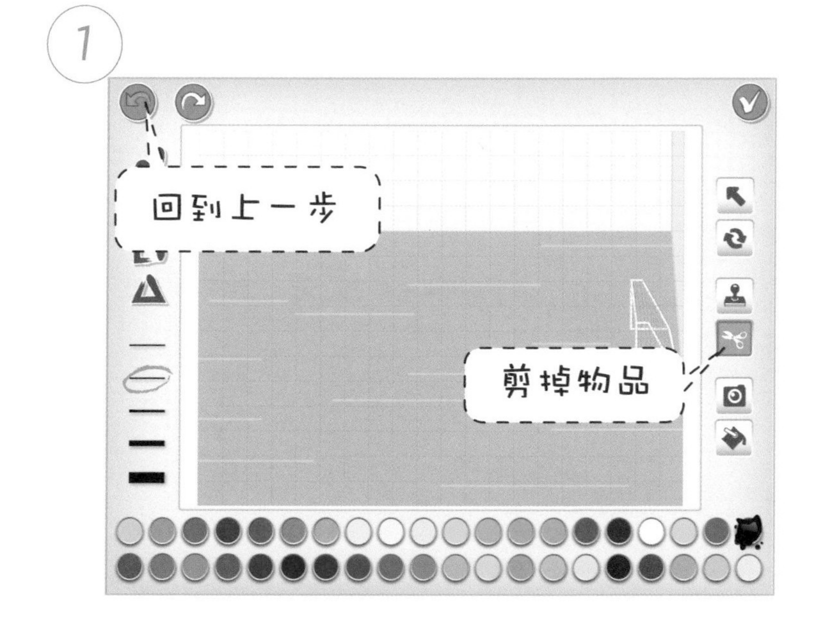

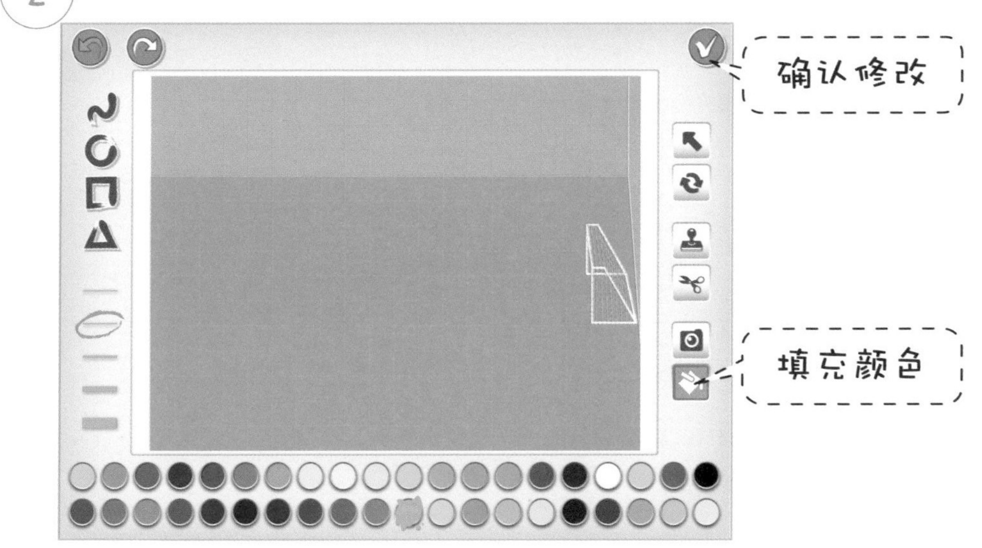

思思兔看到自己的成果高兴地跳了起来："太有趣了！"

"别光顾着高兴啦！一定要点击'确认'，不然就白画了。"卡卡提醒道。

"嗯嗯，遵命！"当思思兔点击"确认"后，豆豆发现自己身处在一大片草地上，顿时觉得非常兴奋，它把足球移动到身前，迫不及待地要拖出积木块开始编写指令指挥足球。

卡卡拉住豆豆说："不要着急，先要选中你要编写指令的角色，这很重要，要是你把足球的指令编在自己身上，那到时候飞出去的不是足球而是你自己了！"

豆豆不好意思地摸摸头说："这样啊，那我记住了！"说完他马上点击了一下足球，开始编写指令。

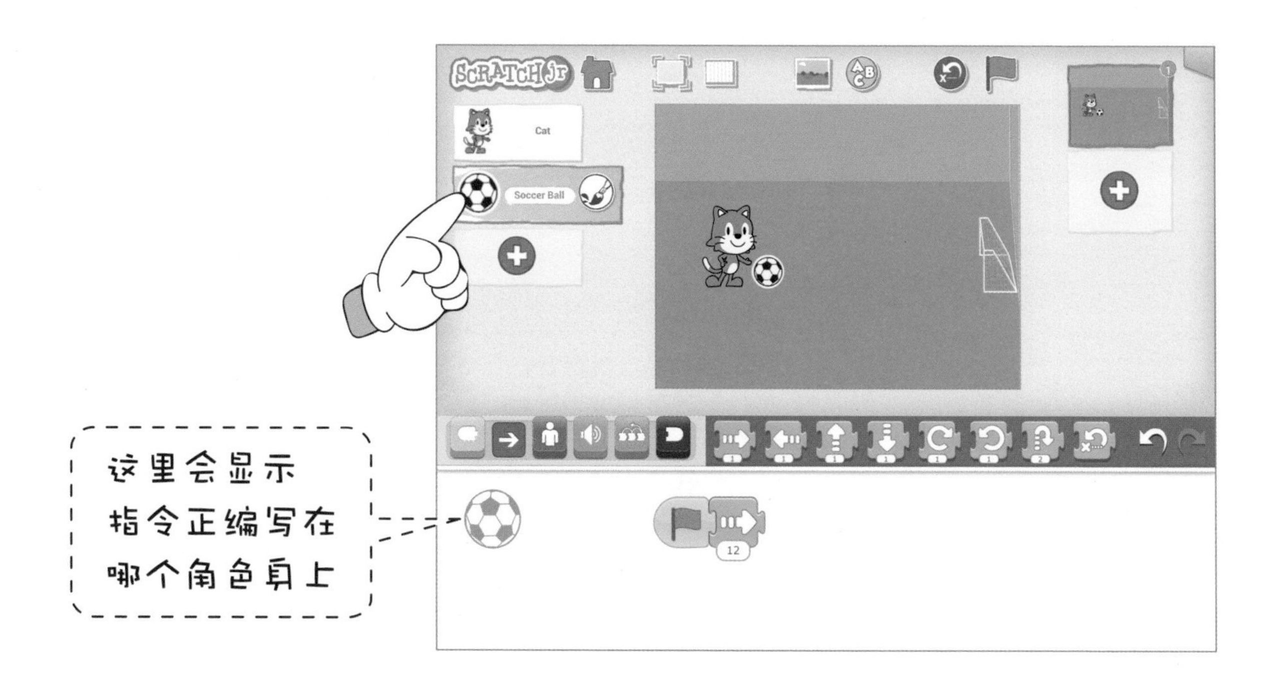

有了先前的学习经验，豆豆快速计算出足球和球门的距离，接着使用“绿旗”和“向右移动”两个指令，足球便准准地落在球门中。当其他小伙伴们都对豆豆竖起大拇指时，思思兔却说：“如果这球能在飞出去的同时再旋转起来，是不是威力就更大了呢？”

豆豆拍拍脑袋道：“好主意！”说完就立刻补上一个向右“旋转”指令。

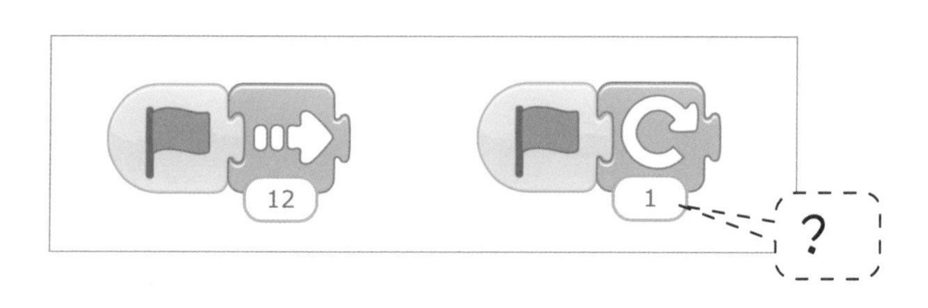

这次，球飞出去的时候的确旋转起来，但是球只转了一点点。

“要是能多转一点，效果就更好了！这个‘旋转’指令下面的数字是不是可以像‘移动’指令一样修改得大一些呢？”思思兔摸着大耳朵说道。

卡卡点点头说：“当然可以！那你知道在Scratch Jr中让角色旋转一圈要填多少数字呢？”

“10？100？”思思兔猜了好几次，都没有得到卡卡的肯定。

“寻找答案最好的方法就是试一试!”卡卡让思思兔一次一次地点击“旋转”指令，并仔细观察。不一会儿，思思兔就找到了答案。

小朋友，你能像思思兔一样试验出结果吗？

任务1

试验出Scratch Jr中让角色转1圈的数值，填写在指令下方。

任务2

让角色转半圈的数值是多少呢？

任务3

这个数值表示转多少圈呢？

足球终于旋转着飞入球门，豆豆还是有点不满意："卡卡，虽然球转起来了，但我总觉得这个足球踢出去没有速度，力量不足啊！"

"这个容易，给你一个'加速器'！"卡卡说着便从橙色积木块中拖出一个"人形"指令，点击一下指令下方的小箭头，选择速度线最多的"人形"图标，然后把它拖进刚才的指令块中，对豆豆说："你再试试！"

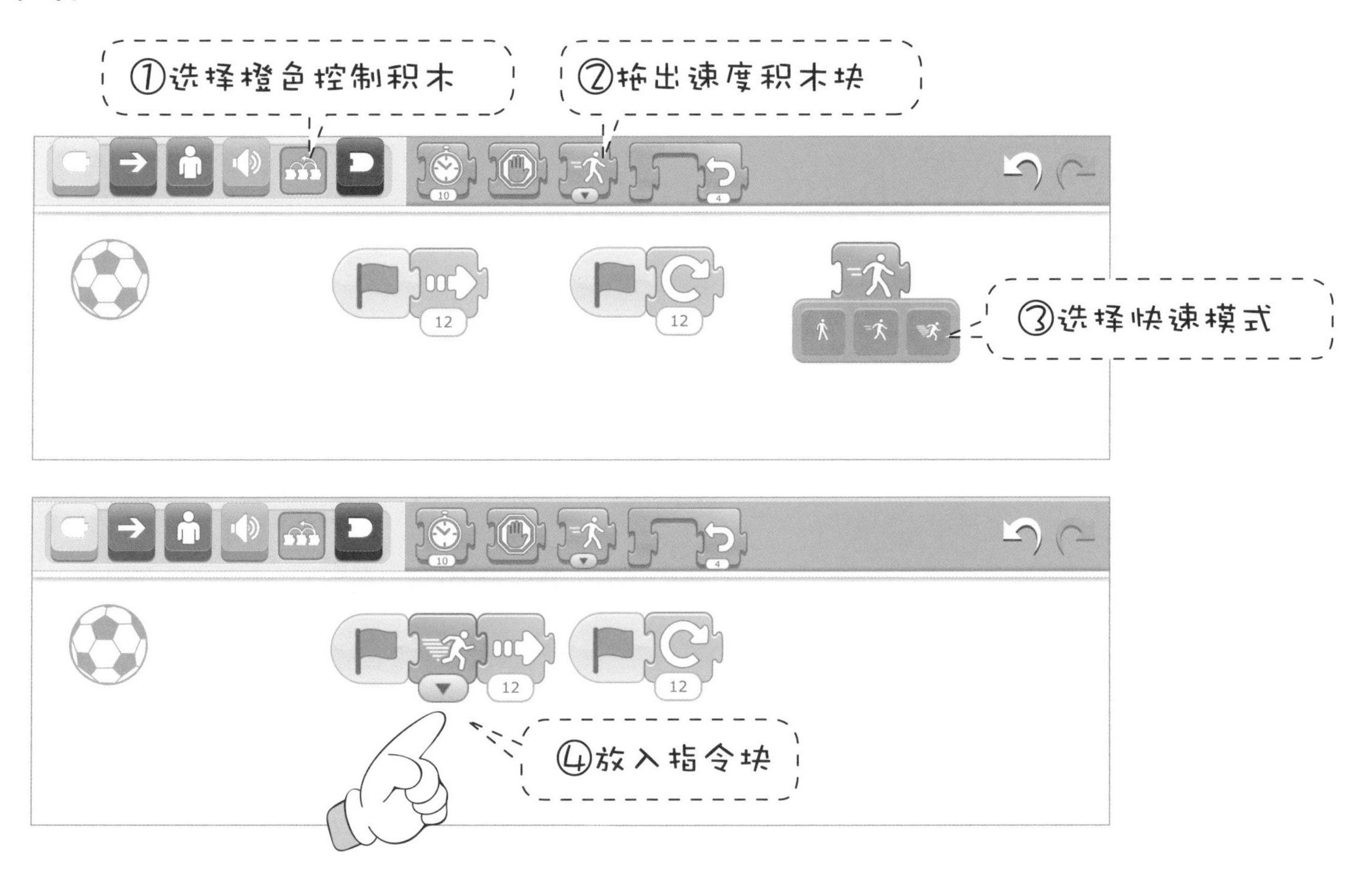

只见豆豆飞起一脚，足球像箭一样射了出去，直落球门。

思思兔和精灵鼠高兴地拍起手来：“这下一定可以把大灰狼打倒了！”

“那大家都来学一学吧！”卡卡改变了球门的距离，让精灵鼠也来试试编写指令。

不一会儿，大家都能得心应手地用指令控制好足球，成为厉害的足球小将！他们高兴地把这个本领保存了起来。

小朋友，你还记得怎么保存吗？如果忘记了可以看看上一话的故事哦！

当大灰狼饿着肚子来偷袭豆豆家时，一个个足球狠狠地飞向大灰狼的脑袋。大灰狼被打得鼻青脸肿，灰溜溜地逃回去了。

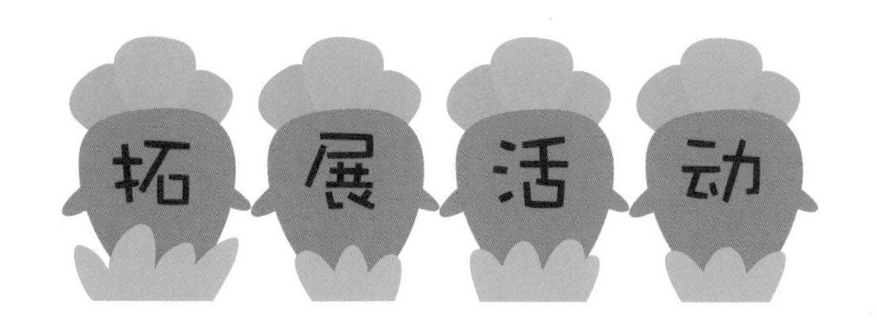

小朋友，看看你的球技怎么样?

1. 试试对足球这样编程，看看它是怎么飞的?

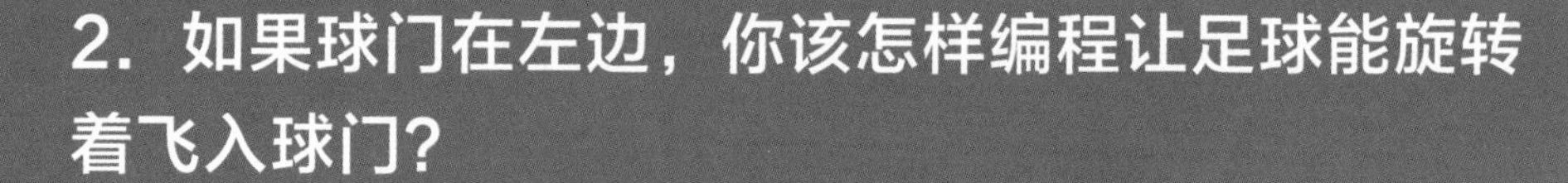

2. 如果球门在左边，你该怎样编程让足球能旋转着飞入球门?

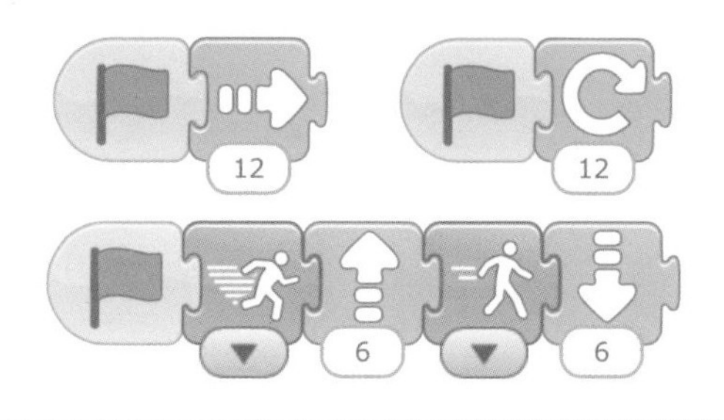

指令复习

指令	英文	中文	说明
	Start on Green Flag	从绿旗开始	点击绿旗时运行指令。
	Turn Right	右转	将角色向右顺时针旋转指定的量。转1圈的数值为12。
	Set Speed	设定速度（快速）	改变指令的运行速度（快速）。
	Set Speed	设定速度（中速）	改变指令的运行速度（中速）。
	Set Speed	设定速度（慢速）	改变指令的运行速度（慢速）。

任务答案

任务1

试验出Scratch Jr中让角色转1圈的数值，填写在指令下方。

任务2

让角色转半圈的数值是多少呢?

任务3

这个数值表示转多少圈呢?

表示向右转2圈

拓展活动参考答案

1. 试试对足球这样编程，看看它是怎么飞的？

因为使用了设置速度的指令，球会先快后慢地飞出去。另外，在让球向右走的同时，加入向上和向下移动的指令，球就能飞出弧线的感觉了，这里是运用了“并行”的方法。

2. 如果球门在左边，你该怎样编程让足球能旋转着飞入球门？

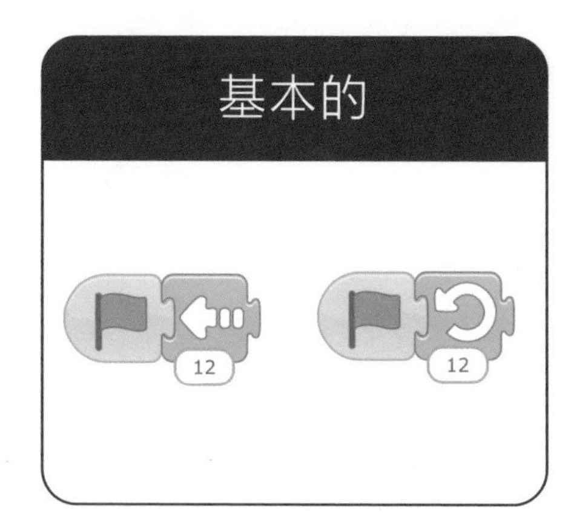

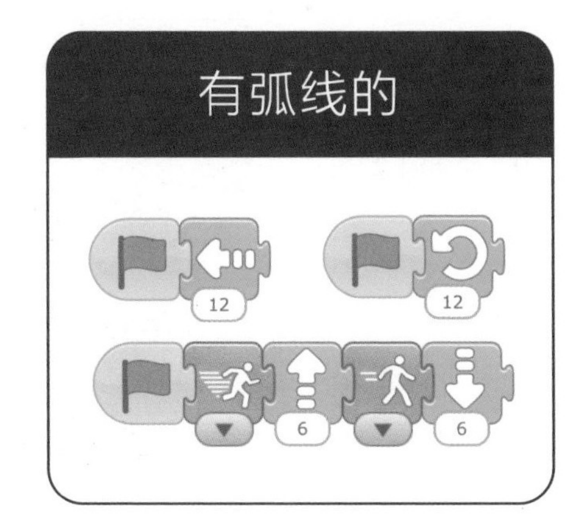

天才密码 STEAM之创意编程思维系列丛书

《STEAM之创意编程思维 Scratch Jr精灵版》（适合5～8岁的学习者）

《STEAM之创意编程思维 Scratch 智慧版》（适合8岁以上的初学者）

《STEAM之创意编程思维 Scratch 精英版》（适合8岁以上的进阶学习者）

《STEAM之创意编程思维 Scratch 天才版》（适合8岁以上的中级学习者）

提高解决问题的能力
培养持续学习的兴趣和习惯
发展逻辑思维和系统思考的能力
激发想象力和创新力
构建团队协作能力和领导力

策划编辑 查 莉
责任编辑 梁 玲
封面设计 鞠 云
版面设计 鞠 云
责任美编 杨倩倩

天才密码 STEAM之创意编程思维系列丛书

叶天萍 著

◆通过对国内外儿童和青少年创造力课程的专项研究，运用美国麻省理工学院多媒体实验室为青少年和儿童设计的Scratch编程软件，将场景导入、游戏化的方式运用于学习，能够帮助学生进行有效的创意表达和数字化呈现，充分地激发孩子们的想象力和创造力。

◆Scratch是可视化积木拼搭设计方式的编程软件，天才密码STEAM创意编程思维系列丛书不是让孩子们学会一连串的代码，而是在整个学习体验过程中孩子们逐步学会自己思考并实现自己的想法和设计。

◆所有的编程作品都可以运用于实际生活，我们鼓励每一个孩子都能够通过自己的想象、思考、判断和创造，解决生活中可能遇到的各种问题。

復旦大學出版社

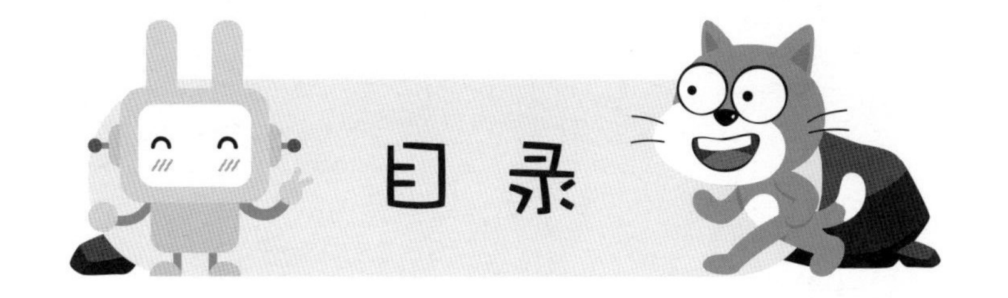
目录

少儿编程课程设计方案（Scratch Jr 篇）

1. 课程说明

本课程可以作为小学低年级学生信息科技类拓展型课程，配合《STEAM之创意编程思维 Scratch Jr 精灵版》教材使用。

5~7岁正是对儿童的思维进行引导和锻炼，促使其形成数概念、空间概念及时间概念的良好时机。由于这一阶段以形象思维为主，因此运用模块化的编程软件，结合生活实际开展活动，更能培养兴趣、促进理解。Scratch Jr 正是一款面向5~7岁儿童，基于Pad的模块化编程软件，孩子们可以用它编写互动故事和游戏，并创造性地表达自己。

课程设计本着STEAM教育理念，教材设计采用了儿童喜爱的绘本形式，以故事为主线，以解决问题为目的，结合Scratch Jr软件来开展学习活动。在课程中除了基本技能的学习和计算思维的培养，每一个活动设计都会联系儿童的生活实际，并将艺术、科学教育紧密地融入在活动中。期望孩子们在掌握知识和技能的同时，更希望他们养成良好的学习习惯，进一步发挥他们的个性特长，拓展知识面的广度和深度，并真正把学科融合教育渗透到教学中，促进思维能力的发展。

2. 课程目标

初步认知和理解“顺序、循环、并行和事件”这些最常用的计算概念，理解和体会互动媒体的本质。了解程序和生活的联系，体验从创意主题、规划设计、测试调试、修改完善这一系列的计算实践过程。能在教师的引导下，运用Scratch Jr软件创作简单的故事和游戏，提高创意表达能力。

3. 课程内容

序号	主题名称	学习目标	参考课时
0	导入	师生认识，故事导入	1
1	巧解密码进山洞	1.1 识别并运用4个“方向”指令 1.2 了解“方向”图标在生活中的运用	1

续表

序号	主题名称	学习目标	参考课时
2	巧解密码出山洞	2.1 知道指令下方数字的作用，能数出正确的网格数 2.2 增加数数兴趣，学习多种数数方法	1
3	钻进鼠洞取钥匙	3.1 认识“设置大小”的指令 3.2 了解“放大和缩小”在生活中的作用	1
4	披上隐身魔法衣	4.1 认识“隐身”和“显示”指令 4.2 了解生活中的“隐身”技术	1
5	惊险出狼窝	5.1 认识“回家”指令 5.2 知道“回到原位”的各种编程方法 5.3 了解动物们“回家”的本领，懂得生活中“认路”的重要性	1
6	自由行走侠	6.1 掌握 Scratch Jr 软件基本的操作方法 6.2 初步理解“并行”概念 6.3 促进多方案解决问题的意识	2
7	成为足球小将	7.1 认识“速度设置”指令，了解“旋转”指令的运用技巧 7.2 掌握加减角色、修改背景和绘图板的基本使用方法 7.3 初步形成调试和试错的意识	2
8	机关大师	8.1 认识“触碰”和“永远重复”指令 8.2 掌握复制角色、给角色改变颜色和拍摄角色的方法 8.3 形成规划意识，学会根据问题理清设计和制作思路	4
9	打鼠小能手	9.1 认识“触碰”和“等待”指令 9.2 掌握录音和用绘图板绘制角色的技能 9.3 体验人机互动在生活中的应用	4
10	收录美丽风景	10.1 认识“场景转换”指令 10.2 掌握在场景中添加标题、增加多个场景和拍摄场景的技能 10.3 懂得生活与场景的关系，初步形成场景规划的意识	4

续表

序号	主题名称	学习目标	参考课时
11	神奇的信号灯	11.1 认识“消息”和“按次数重复”指令 11.2 掌握运用“重复”指令优化程序的技能 11.3 了解运用思维导图理清关系的方法 11.4 形成良好的交通法规意识	3
12	编程社区成立啦	12.1 巩固提高指令的运用和概念的理解 12.2 提高观察、探究和解决问题的能力 12.3 懂得编程最终是为生活服务的	3
13	我的好朋友	13.1 了解 Scratch Jr 项目创作的一般流程 13.2 能根据作品评价表评价作品，并有修改、提高的意识	4

4. 课程实施建议

（1）课时安排：

每周 1 ～ 2 课时，共计 32 课时。

（2）课程对象：

6 ～ 7 岁儿童。

（3）教学策略建议：

● 关于教材内容

根据教学对象的年龄和认知特点，教材以“卡卡的奇幻编程之旅”为主线，用绘本的形式，使学生在边读故事边帮助主人公完成任务的同时，掌握相关的知识与技能。在教学时，教师可以如讲故事一般，把学生充分带入故事情境中，引起学生的情感共鸣，使学生在学习时更加专注和有兴趣。

● 关于拓展活动

拓展活动是教材内容的重要组成部分，能够让学生在掌握基本指令的基础上进一步得到提高和拓展。其中包含生活应用、思维练习和问题解决，在教学时应把这部分内容也设计在内，使学生能真正理解程序和生活的关系。

● 关于教学资源

扫描教材中的二维码，有中文朗读和相关视频演示，教师可以根据需要选择使用。课后有相关指令的汇总，可以引导学生把附赠的不干胶指令贴在指令虚像上，用以加强对指令的识别和熟悉。从第 6 话到第 11 话，每话都会有一个激励学生学习的“勋章”，教师也可以按需使用。另外，教师可自备一套指令卡片用于课堂教学，下载网址为 https://www.scratchjr.org/pdfs/blocks.pdf。

● 关于课堂教学

对于儿童来说，注意力集中的时间不长，特别是在人手一个 Pad 的情况下，这就对教师的课堂把控能力提出更高的要求，因此，课堂规则、激励措施是教学设计中必不可少的关键因素。另外，6~7 岁儿童有着较强的表现欲，作品的分享和评选能够让他们更加投入学习活动，教师应当让孩子们在不断地自我表现中发展自我、完善自我。

教材从第 6 话才开始使用 Pad，前面 5 话主要是让孩子们认识指令，意识到指令和生活的联系。在教学时，教师可以设计一些简单的指令游戏，加快对指令的熟悉。

5. 课程保障

（1）硬件：

专用活动室、可供设计和讨论的小组活动桌、Pad（每人 1 个）。

（2）软件：

Scratch Jr 软件（安卓和 IOS 系统的平板电脑都可以）。

（3）人员：

教师：主讲教师 1 名、幼儿园需助教 1 ~ 2 名。

学生：小学为 32 人左右（人多时建议配备助教 1 名），幼儿园为 20 人以下。

6. 教学评价建议

（1）评估知识、技能掌握：

学生能否合理使用指令制作故事和游戏的技术，能否在设计时有意识地运用本课程中学习过的技能、技巧。

（2）评估交流、合作能力

学生课堂上的口头交流和表达能力，以及学生在团队活动中和同伴的沟通、协作能力。

（3）评估学习、反思能力

学生在解决问题时有没有主动探究、提出方案，有没有对他人作品提出建议或是对自己作品有改进的意识。

Scratch Jr 指令索引

模块	图标	英文	中文	英文说明	中文说明	编号	重点学习单元
Triggering Blocks		Start on Green Flag	从绿旗开始	Starts the script when the Green Flag is tapped.	点击绿旗时运行指令。	1-01	[6]，[8]，[9]，[10]，[11]，[12]
		Start on Tap	从点击开始	Starts the script when you tap on the character.	当点击角色时运行指令。	1-02	[9]，[10]，[12]
		Start on Bump	从触碰开始	Starts the script when the character is touched by another character.	当角色被另一个角色触碰时运行指令。	1-03	[8]，[9]，[12]
		Start on Message	从收到消息时开始	Starts the script whenever a message of the specified color is sent.	每当发送指定颜色的消息时运行指令。	1-04	[11]
		Send Message	发送信息	Sends a message of the specified color.	发送指定颜色的消息。	1-05	[11]
Motion Blocks		Move Right	向右移	Moves the character a specified number of grid squares to the right.	将角色向右移动指定数量的网格。①	2-01	[1]，[2]，[5]，[6] [7]，[8]，[10]，[11]，[12]
		Move Left	向左移	Moves the character a specified number of grid squares to the left.	将角色向左移动指定数量的网格。	2-02	[1]，[2]，[5]，[6] [7]，[8]，[10]，[11]，[12]
		Move Up	向上移	Moves the character a specified number of grid squares up.	将角色向上移动指定数量的网格。	2-03	[1]，[2]，[5]，[6] [7]，[8]，[11]，[12]

续表

模块	图标	英文	中文	英文说明	中文说明	编号	重点学习单元
Motion Blocks		Move Down	向下移	Moves the character a specified number of grid squares down.	将角色向下移动指定数量的网格。	2-04	[1]，[2]，[5]，[6] [7]，[8]，[11]，[12]
		Turn Right	右转	Rotates the character clockwise a specified amount. Turn 12 for a full rotation.	将角色向右顺时针旋转指定的量。转 1 圈为“12”。	2-05	[7]，[8]，[11]，[12]
		Turn Left	左转	Rotates the character counterclockwise a specified amount. Turn 12 for a full rotation.	将角色向左逆时针旋转指定的量。转 1 圈为“12”。	2-06	[5]，[11]，[12]
		Hop	跳	Moves the character up a specified number of grid squares and then down again.	将角色向上移动指定数量的网格，然后再向下移动到原位。	2-07	[10]，[12]
		Go Home	回家	Resets the character's location to its starting position. (To set a new starting position, drag the character to the location.)	将角色的位置重置为其起始的位置。（要设置新的起始位置，请将角色拖动到该位置。）	2-08	[5]
Looks Blocks		Say	说	Shows a specified message in a speech bubble above the character.	在角色上方显示有文字的气泡。	3-01	[8]
		Grow	增大	Increases the character's size.	增加角色的大小。	3-02	[3]，[8]
		Shrink	缩小	Decreases the character's size.	缩小角色的大小。	3-03	[3]，[8]
		Reset Size	重置大小	Returns the character to its default size.	让角色恢复到导入舞台时的大小。	3-04	[3]，[8]
		Hide	隐藏	Fades out the character until it is invisible.	淡出角色，直到看不见。	3-05	[4]，[9]，[11]，[12]
		Show	显示	Fades in the character until it is fully visible.	淡入角色，直到完全可见。	3-06	[4]，[9]，[11]

续表

模块	图标	英文	中文	英文说明	中文说明	编号	重点学习单元
Sound Blocks		Pop	播放“Pop”声	Plays a “Pop” Sound.	播放一次“Pop”声。②	4-01	
		Play Recorded Sound	播放录音	Plays a sound recorded by the user.	播放用户记录的声音。	4-02	[9]
Control Blocks		Wait	等	Pauses the script for a specified amount of time (in tenths of seconds).	将角色的指令暂停一段指定的时间（“10”为1秒钟）。	5-01	[9]，[10]，[11]，[12]
		Stop	停止	Stops all the characters' scripts.	停止角色所有的指令。	5-02	[11]
		Set Speed	设定速度	Changes the rate at which certain blocks are run.	改变指令的运行速度。	5-03	[7]
		Repeat	重复	Runs the blocks inside a specified number of times.	按指定次数重复运行指令。	5-04	[11]，[12]
End Blocks		End	结束	Indicates the end of the script (but does not affect the script in any way).	表示当前指令结束（不会影响指令）。③	6-01	
		Repeat Forever	永远重复	Runs the script over and over.	一遍又一遍地运行指令，永不结束。	6-02	[8]，[10]，[11]
		Go to Page	转场	Changes to the specified page of the project.	跳转到另一个指定的场景。	6-03	[10]

注：

① Scratch Jr 软件自带的参考网格。

②教材中没有重点教学讲解，教师可以根据需要使用。

③教材中没有重点教学讲解，但这是一个良好的编程书写习惯（有头有尾），教师可以在教学时补充讲解。

绘图板使用手册

界面工具介绍

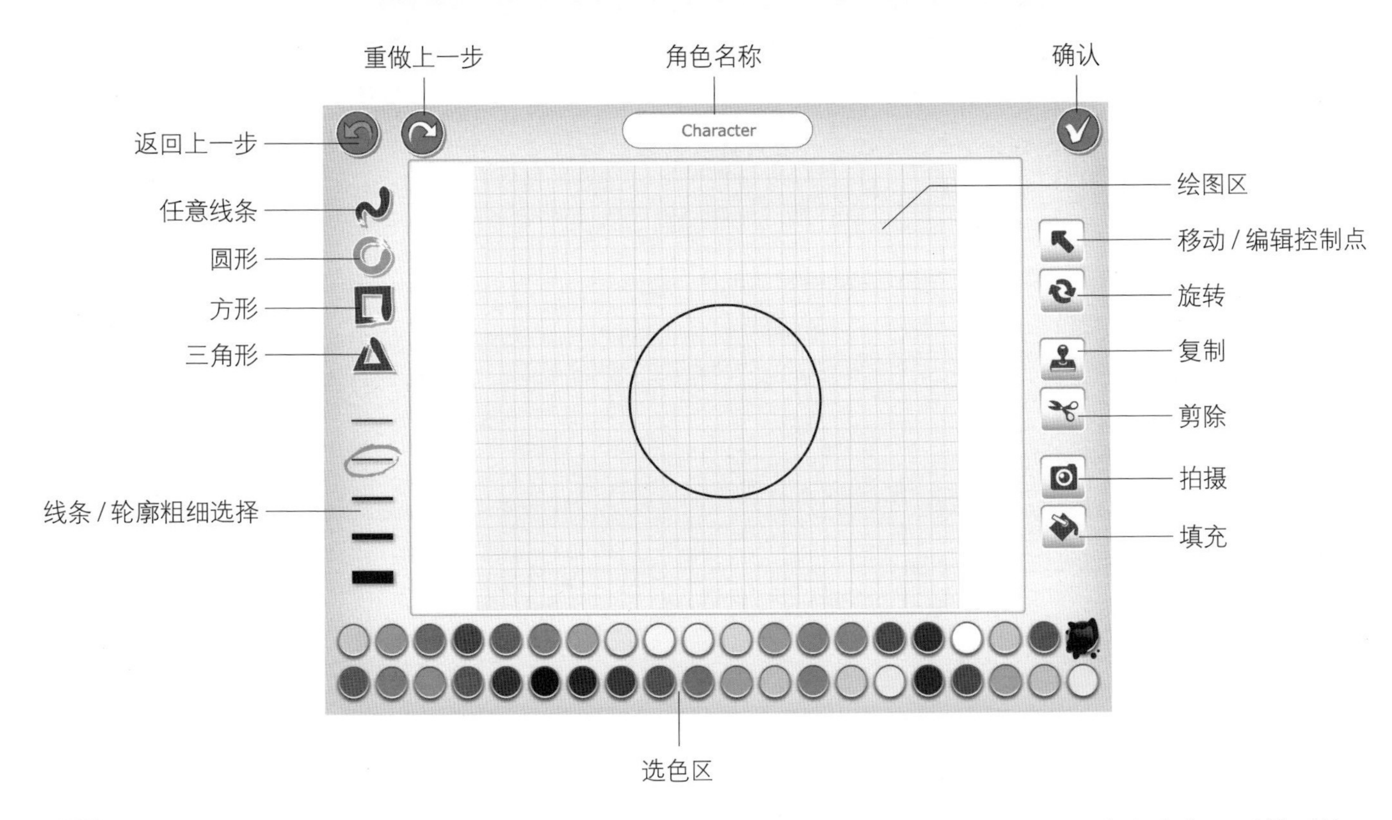

说明：

（1）“移动”工具不仅可以拖动图形、改变图形的位置，如果在图形上点击，还会出现控制点，能精确改变图形的形状。

（2）如果在图形只有轮廓的情况下使用“复制”工具，会出现复制出来的图形和原来的图形粘连在一起无法分离，可以先填充颜色再复制。

（3）如要改变线条颜色，请选中“任意线条”工具，再选择相应颜色，点击需要修改的图形。

（4）对“角色”使用绘图板时，拍摄只能在轮廓内进行取景（先要有个图形，如圆形，点击图形内部即可），对“背景”使用绘图板时，则可以对整个画布取景（不用绘制图形，点击画布任意位置皆可）。

（5）有时图形会出现无法移动或被剪除掉的情况，需要退出绘图板或重新绘制角色。

（6）很多学生会把角色画在“背景”页面上，要让他们知道在“角色区”和“背景区”绘制是不同的。

教学记录页

教学记录页